U0199067

Office 2007 案例教程

学习指导与练习

（第4版）

杨彩云　李　晗　主　编

杨珂瑛　郭瑞青　副主编

电子工业出版社

Publishing House of Electronics Industry

北京 · BEIJING

内 容 简 介

本书是《Office 2007 案例教程》（第 4 版）的配套练习册，针对其中各章节的知识要点、技能要点给出了相应的习题，旨在通过大量练习强化学生对教材重点内容的掌握。

本书适合中等职业学校学生使用，也可供参加对口升学考试的学生参考。

未经许可，不得以任何方式复制或抄袭本书之部分或全部内容。
版权所有，侵权必究。

图书在版编目（CIP）数据

Office 2007 案例教程学习指导与练习 / 杨彩云，李晗主编. —4 版. —北京：电子工业出版社，2024.2

ISBN 978-7-121-47241-1

Ⅰ. ①O… Ⅱ. ①杨… ②李… Ⅲ. ①办公自动化—应用软件—中等专业学校—教学参考资料 Ⅳ. ①TP317.1

中国国家版本馆 CIP 数据核字（2024）第 034192 号

责任编辑：罗美娜　　特约编辑：徐　震
印　　刷：三河市双峰印刷装订有限公司
装　　订：三河市双峰印刷装订有限公司
出版发行：电子工业出版社
　　　　　北京市海淀区万寿路 173 信箱　邮编　100036
开　　本：787×1 092　1/16　印张：7　字数：179.2 千字
版　　次：2013 年 3 月第 1 版
　　　　　2024 年 2 月第 4 版
印　　次：2025 年 3 月第 4 次印刷
定　　价：28.00 元

凡所购买电子工业出版社图书有缺损问题，请向购买书店调换。若书店售缺，请与本社发行部联系，联系及邮购电话：（010）88254888，88258888。

质量投诉请发邮件至 zlts@phei.com.cn，盗版侵权举报请发邮件至 dbqq@phei.com.cn。

本书咨询联系方式：（010）88254617，luomn@phei.com.cn。

前　言

　　中等职业教育是我国教育体系的重要组成部分，在我国社会、经济发展中的地位日益凸现，但是职业教育依然面临许多问题，改革之路任重而道远。培养高素质的、具备岗位能力的初、中级技能型人才，成为目前职业学校的主要培养目标和改革的核心问题。教材改革是其中一项主要内容。让任务引领成为此次教材编写的指导方向，也是教学改革迈出的第一步。

　　本书是《Office 2007 案例教程》（第 4 版）的配套教材，是对已出版教材《Office 2007案例教程学习指导与练习》（第 3 版）的修订。本书针对教材中各章节的知识要点、技能要点给出了相应的习题，旨在通过大量练习强化学生对教材重点内容的掌握，作为辅助学生参加对口升学考试复习之用。本书由杨彩云、李晗担任主编，杨珂瑛、郭瑞青担任副主编。

　　虽在编写中力求谨慎，但限于编者的学识、经验，书中难免存在疏漏和不足之处，恳请广大同行和读者不吝赐教，以便今后修改提高。

编　者

目 录

模块 1
Word 2007 的基本操作

任务一

一、判断题

1. 启动 Word 2007 只能通过"开始"按钮选择相应程序。 （　　）

2. 单击"Office 按钮"中的"退出 Word"按钮，将结束 Word 的工作。 （　　）

3. Word 2007 工作界面中的标题栏位于最上方。 （　　）

4. "Office 按钮"中包含"新建""打开""保存为""关闭"等选项。 （　　）

5. Word 2007 工作界面中的标尺分为水平标尺和垂直标尺，可显示或隐藏。 （　　）

6. 按 F1 键可启动 Word 帮助系统。 （　　）

7. 功能组最小化的组合键是"Ctrl+F1"。 （　　）

8. 在 Word 2007 工作界面中，状态栏的右侧有 5 个视图按钮，从左到右依次是普通视图、阅读版式视图、Web 版式视图、大纲视图、页面视图。 （　　）

9. 退出 Word 2007 的组合键为"Alt+F4"。 （　　）

10．Word 2007 工作界面中的滚动条分为水平滚动条和垂直滚动条，不可隐藏。（　　）

二、单项选择题

1．Word 2007 是（　　）软件。

   A．文字处理   B．制作电子表格

   C．制作演示文稿   D．以上都不对

2．Word 2007 是（　　）公司开发的文字处理软件。

   A．微软（Microsoft）   B．联想（Lenovo）

   C．方正（Founder）   D．莲花（Lotus）

3．双击"Office 按钮"完成的是（　　）操作。

   A．打开"Office 按钮"   B．最大化窗口

   C．最小化窗口   D．退出 Word 程序

4．以下选项中，都能隐藏的一组是（　　）。

   A．选项卡和功能组   B．功能组和快速访问工具栏

   C．标尺和视图栏   D．选项卡和滚动条

5．所见即所得的视图模式是（　　）。

   A．页面视图   B．普通视图

   C．阅读版式视图   D．大纲视图

6．退出大纲视图的正确方法是（　　）。

   A．按 Esc 键

   B．单击窗口右上角的"关闭"按钮

   C．单击功能组中的"关闭大纲视图"按钮

   D．单击"开始"选项卡

7．快速访问工具栏中默认包含的选项没有（　　）。

   A．保存   B．撤销

   C．恢复   D．打开

8．Word 2007 默认的文档视图是（　　）。

   A．普通视图   B．Web 版式视图

   C．页面视图   D．大纲视图

9．某文档在 Word 2007 中打开时，文件名后出现"兼容模式"字样，则说明（　　）。

   A．打开的文档版本较高   B．打开的文档版本较低

   C．出现错误，需要关闭后重新打开   D．只是一个标识，没有任何意义

10. 在 Word 2007 工作界面中，对于用户的误操作，可以通过"撤销"按钮来恢复，该按钮（　　）。

    A．只能撤销最后一次对文档的操作

    B．可以撤销用户的多次操作

    C．不能撤销

    D．可以撤销所有的错误操作

三、填空题

1. 启动 Word 2007 的方法有＿＿＿＿＿＿＿＿＿＿＿＿、＿＿＿＿＿＿＿＿＿＿＿＿＿＿＿＿＿＿和＿＿＿＿＿＿＿＿＿＿＿＿＿＿＿＿＿＿＿。

2. "Office 按钮"中"最近使用的文档"默认为＿＿＿＿＿个，也可以进行设置。

3. 使用帮助的快捷键是＿＿＿＿＿键。

4. 若 Word 2007 窗口已最大化，则窗口的右上角同时显示的按钮是＿＿＿＿＿。

5. 在 Word 2007 的编辑状态下，设置了标尺，可以同时显示水平标尺和垂直标尺的视图方式是＿＿＿＿＿。

6. 在 Word 2007 工作界面中，视图模式从左到右分别是＿＿＿＿＿、＿＿＿＿＿、Web 版式视图、＿＿＿＿＿和＿＿＿＿＿。

7. 在 Word 2007 工作界面中，不能显示标尺的视图方式是＿＿＿＿＿和＿＿＿＿＿；只能显示水平标尺的视图方式是＿＿＿＿＿和＿＿＿＿＿。

8. 快速访问工具栏中默认包含的按钮有保存、＿＿＿＿＿和＿＿＿＿＿。

9. 设置显示或隐藏滚动条的方法：单击＿＿＿＿＿按钮，选择＿＿＿＿＿选项，在左侧列表中选择＿＿＿＿＿选项，之后在右侧的项目中进行设置。

10. 按＿＿＿＿＿键，可使窗口中的文档向上滚动一屏；按＿＿＿＿＿键，可以向下滚动一屏；按＿＿＿＿＿键，可以向上滚动一页；按＿＿＿＿＿键，可以向下滚动一页。

任务二

一、判断题

1. 文档第一次保存的对话框名称是"保存为"。（　　）

2. 打印"页码范围"输入"1-5, 8"，则共打印 6 页内容。（　　）

3. 已保存过的文档修改后执行"保存"和"另存为"的操作是一样的。（　　）

4. Word 2007 默认保存文件的扩展名是".docx"。（　　）

5．同一个文档可以保存为多个文件名。　　　　　　　　　　　　　（　　　）

6．"Office 按钮"中"关闭"选项的作用是关闭文档并退出 Word 2007 程序。（　　　）

7．文档在打印预览中可以更改页面的页边距设置。　　　　　　　　（　　　）

8．加密文档需要在"另存为"对话框的工具下的"保存选项"中进行设置。（　　　）

9．打印中的页面范围包括全部、当前页、所选内容和页码范围。　　（　　　）

10．Word 2007 可同时打开多个文档。　　　　　　　　　　　　　（　　　）

二、单项选择题

1．如果要使 Word 2007 编辑的文档可以用 Word 2003 打开，下列说法中正确的是（　　　）。

　　A．单击"Office 按钮"，另存为"Word 97-2003 文档"

　　B．单击"Office 按钮"，另存为"Word 文档"

　　C．将文档直接保存即可

　　D．Word 2007 编辑保存的文件不可以用 Word 2003 打开

2．Word 2007 中，当前已打开一个文件，若想打开另一个文件，应（　　　）。

　　A．首先关闭原来的文件，才能打开新文件

　　B．打开新文件时，系统会自动关闭原文件

　　C．两个文件同时打开

　　D．新文件的内容将会加入原来打开的文件

3．文档首次保存时出现的对话框名称是（　　　）。

　　A．保存　　　　　B．保存为　　　　　C．另存　　　　　D．另存为

4．打印页面范围中输入"5-8, 11, 13"，则打印（　　　）。

　　A．5，6，7，8，11，12，13　　　　　B．5，6，7，8，11，13

　　C．5，8，11，13　　　　　D．5，6，7，8，9，10，11，12，13

5．文件保存类型选为"Word 97-2003 文档"，则文件的扩展名是（　　　）。

　　A．.docm　　　　B．.docx　　　　C．.doc　　　　D．.dot

6．加密文档操作需要设置（　　　）。

　　A．打开文档时的密码　　　　　B．修改文档时的密码

　　C．A 和 B　　　　　D．以上都不对

7．文档默认的保存路径是（　　　）。

　　A．我的电脑　　　B．我的文档　　　C．C 盘　　　D．D 盘

8．启动 Word 2007 后，系统为新文档的命名应该是（　　　）。

　　A．系统自动以用户输入的前 8 个字为文件名

B．自动命名为".Doc"

C．自动命名为"文档1"或"文档2"或"文档3"

D．没有文件名

9．对于 Word 2007，下列关于"关闭"和"退出"的说法中正确的是（　　　）。

A．"关闭"指关闭 Word 2007 程序

B．"退出"指关闭文档并退出 Word 2007 程序

C．"退出"对应的组合键是"Ctrl+F4"

D．"关闭"和"退出"的操作效果一样

10．对于未保存的文档，单击"关闭"按钮时，出现的对话框中不包括（　　）按钮。

A．保存　　　　　　B．是　　　　　　C．否　　　　　　D．取消

三、填空题

1．关闭文档的组合键是＿＿＿＿＿＿＿＿＿＿。

2．"Ctrl+N"组合键对应的操作是＿＿＿＿；"Ctrl+O"组合键对应的操作是＿＿＿＿。

3．在 Word 2007 中，保存新建的文档，可以按组合键＿＿＿＿＿，弹出＿＿＿＿对话框。

4．Word 2007 在正常启动之后会自动打开一个名为＿＿＿＿＿＿的文档。

5．"Ctrl+P"组合键对应的操作是＿＿＿＿。

6．在打印 Word 2007 文本之前，常常要用＿＿＿＿＿中"打印"子菜单的＿＿＿＿＿选项观察各页面的整体状况。

7．加密文档的操作步骤是：启动＿＿＿＿＿对话框，单击＿＿＿＿＿按钮，在其下拉菜单中选择＿＿＿＿＿选项，之后进行对应的设置即可。

8．若只打印光标所在页，则页面范围选择＿＿＿＿＿。

9．"另存为"的快捷键是＿＿＿＿＿，"打印预览"的组合键是＿＿＿＿。

10．打印预览可以对页面的＿＿＿＿＿、＿＿＿＿＿和＿＿＿＿＿进行更改。

任务三

一、判断题

1．复制到剪贴板中的内容只能粘贴一次。　　　　　　　　　　　　　　（　　　）

2．选择不连续的文本可以按 Shift 键。　　　　　　　　　　　　　　（　　　）

3．在 Word 2007 中输入文字时，每按一次 Enter 键，都会产生一个新的段落。　　（　　　）

4．使用 Insert 键可切换插入和改写状态。　　　　　　　　　　　　　（　　　）

5．当需要输入日期、时间时，可单击"插入"选项卡下"文本"功能组中的"日期和时间"按钮。　　　　　　　　　　　　　　　　　　　　　　　　　　（　　）

6．"编辑"功能组在"插入"选项卡中。　　　　　　　　　　　　　　　（　　）

7．在"查找和替换"操作中，默认的搜索范围是全部。　　　　　　　　　（　　）

8．复制文本的操作必须借助剪贴板才能完成。　　　　　　　　　　　　　（　　）

9．在文档中任意位置单击三次可将全文选中。　　　　　　　　　　　　　（　　）

10．替换操作时，在"查找内容"和"替换为"文本框中必须输入对应的内容，否则无法进行相应的操作。　　　　　　　　　　　　　　　　　　　　　　　　（　　）

二、单项选择题

1．下列操作中不能全选整个文档内容的是（　　　）。

A．Ctrl+A　　　　　　　　　　　　　B．文档段落左侧双击

C．文档段落左侧单击三次　　　　　　D．先定位文档首，按住 Shift 键再单击文档尾

2．针对 Word 2007 的"查找和替换"功能，下列说法中不正确的是（　　　）。

A．查找和替换可以设定查找的范围、查找和替换内容的格式

B．查找和替换只能查找与替换文字

C．查找和替换完成后 Word 会反馈执行结果

D．查找、替换、定位三个选项卡共用一个对话框

3．在 Word 2007 中使用"替换"功能进行词语的替换，若想将文档中的"升高""升温"全部替换成"上升"，则在"查找内容"文本框中可输入为（　　　）。

A．升高或升温　　　　　　　　　　　B．升高

C．升?　　　　　　　　　　　　　　D．升高、升温

4．将光标定位在"我们"一词之后，若要删除该词，则需要（　　　）。

A．按两次 Backspace 键　　　　　　B．按两次 Delete 键

C．按两次"Ctrl+Backspace"组合键　D．按两次"Ctrl+Delete"组合键

5．自动更正功能不包括以下（　　　）操作。

A．英文句首字母大写　　　　　　　　B．英文日期第一个字母大写

C．输入时自动替换　　　　　　　　　D．英文所有字母大写

6．选择光标所在处的一个句子，操作正确的是（　　　）。

A．按住 Ctrl 键单击光标所在位置　　B．按住 Shift 键单击光标所在位置

C．按住 Alt 键单击光标所在位置　　　D．按住 Tab 键单击光标所在位置

7．在 Word 2007 的编辑状态，先后单击"开始"选项卡剪贴板中的"复制""粘贴"按钮后（　　　）。

　A．被选择的内容移到插入点　　　　　B．被选择的内容移到剪贴板

　C．剪贴板中的内容移到插入点　　　　D．剪贴板中的内容复制到插入点

8．下列关于组合键与对应操作中正确的是（　　　）。

　A．Ctrl+V　复制　　　　　　　　　B．Ctrl+H　替换

　C．Ctrl+空格　全半角切换　　　　　D．Ctrl+W　退出程序

9．选择连续文本，则需要按（　　　）键。

　A．Ctrl　　　　　B．Shift　　　　　C．Alt　　　　　D．Tab

10．将文章中以"数"字开头的文本都替换成"数据"，则在"查找内容"文本框中应输入（　　　）。

　A．数　　　　　B．数据　　　　　C．数?　　　　　D．数*

三、填空题

1．组合键"Ctrl+A"对应的操作是_____，复制的组合键是_____。

2．在 Word 2007 中，查找、_____和定位位于一个对话框中。

3．Word 2007 文档扩展名是_____，Word 2007 模板扩展名是_____。

4．在 Word 2007 中，用户使用"Ctrl+C"组合键将所选内容复制到剪贴板后，可以使用_____组合键将其粘贴到所需要的位置。

5．查找的组合键是_____，使用后会打开_____对话框。

6．"查找和替换"功能中的查找内容可以使用通配符，通配符包含_____和_____。

7．"Shift+Space"组合键对应的操作是_____。

8．在 Word 2007 中，选定一个矩形区域的操作是将光标移动到待选文本块的左上角，然后按住_____键和鼠标左键拖曳到文本块的右下角。

9．删除插入点后面的字符使用的快捷键是_____，删除插入点前面的字符使用的快捷键是_____，"Ctrl+Delete"组合键对应的操作是_____；"Ctrl+Backspace"组合键对应的操作是_____。

10．按_____键，光标左移至行首；按_____键，光标右移至行末；按_____组合键，光标快速移至文件首；按_____组合键，光标快速移至文件末。

模块 2

设置文档格式

任务一

一、判断题

1. Word 2007 中，中文默认的字体是"宋体"，默认的字号是"五号"。　　　（　　）
2. Word 2007 中，加粗、倾斜、下画线都属于字形范畴。　　　　　　　　（　　）
3. 字符位置包括三种类型：标准、上升和下降。　　　　　　　　　　　　（　　）
4. 若选中的英文文本清除格式后，则恢复默认字体为"Arial"，默认字号为"五号"。

　　　　　　　　　　　　　　　　　　　　　　　　　　　　　　　　　（　　）

5. 将所选文字设置为倾斜的组合键是"Ctrl+U"。　　　　　　　　　　　（　　）
6. 拼音的五种对齐方式包括居中、0-1-0、1-2-1、左对齐、右对齐。　　　（　　）
7. 突出显示文本的颜色可以自定义。　　　　　　　　　　　　　　　　　（　　）
8. 更改大小写的组合键是"Shift+F3"。　　　　　　　　　　　　　　　（　　）
9. 设置上标的操作只能在"字体"功能组中进行。　　　　　　　　　　　（　　）

10. 汉字缩小字号是按字号的级数进行减小的，如当前为二号字，缩小一次字体后，字号则变为小二。　　　　　　　　　　　　　　　　　　　　　　　　　（　　）

二、单项选择题

1. 在 Word 2007 中，若要将一些文本内容设置为加粗字体，则首先应该（　　）。

　A. 单击"字体"功能组中的"B"按钮

　B. 单击"字体"功能组中的"U"按钮

　C. 选定文本内容

　D. 单击"字体"功能组中的"A"按钮

2. 在 Word 2007 中，将汉字从小到大分为 16 级，最大的字号为（　　）。

　A. 初号　　　　　　　　　　　　　B. 小初号

　C. 八号　　　　　　　　　　　　　D. 五号

3. 若需要将 Word 2007 文档中选定的一段文字字体设置为"黑体"，则应该（　　）。

　A. 在"开始"选项卡的"字体"功能组中选择"黑体"

　B. 单击"开始"选项卡的"字体"功能组中的"B"按钮

　C. 单击"开始"选项卡的"字体"功能组中的"字体颜色"按钮，将文字颜色设置为"黑色"

　D. 选定这些文字

4. 因和囚分别进行了（　　）设置。

　A. 字符边框和带圈字符　　　　　　B. 带圈字符和字符边框

　C. 字符边框设置了不同的值　　　　D. 带圈字符设置了缩小文字和增大圈号

5. 下列关于"格式刷"工具的说法中不正确的是（　　）。

　A. "格式刷"工具可以用来复制文字

　B. "格式刷"工具可以用来快速设置文字格式

　C. "格式刷"工具可以用来快速设置段落格式

　D. 双击"开始"选项卡下"剪贴板"功能组中的"格式刷"按钮，可以多次复制同一格式

6. 下列关于"不同颜色突出显示文本"的描述中正确的是（　　）。

　A. 突出显示与字符底纹相同

　B. 突出显示的颜色可以自定义

　C. 突出显示就像是用荧光笔标记了一样

　D. 取消突出显示应选择"无填充"

7. 为文本添加拼音，（　　）不是拼音的对齐方式。

    A．居中　　　　　　　　　　　　　B．两端对齐

    C．左对齐　　　　　　　　　　　　D．右对齐

8. 下列关于下画线的描述中都是错误的一组是（　　）。

①下画线可以选择线型　②下画线与文本颜色一致　③下画线的组合键是"Ctrl+I"

④下画线是一种字形　⑤下画线可以在"字体"对话框中设置

    A．①②④　　　　　　　　　　　　B．①②⑤

    C．③④⑤　　　　　　　　　　　　D．②③④

9. 下列关于 Word 2007 的说法中错误的是（　　）。

    A．在操作过程中，要遵循"先选择，后操作"的原则

    B．Word 2007 文档中默认的英文字体是"Calibri"，中文字体是"宋体"

    C．移动被选定的文字，可以单击"开始"选项卡下"剪贴板"功能组中的"剪切"按钮和"粘贴"按钮

    D．文档的排版主要是对文字格式进行设置

10. 在 Word 2007 中，字的大小可以用字号和磅值来表示，下列说法中正确的是（　　）。

    A．五号大于六号

    B．12 磅大于 14 磅

    C．四号小于六号

    D．四号相当于 12 磅

三、填空题

1. 中文 Word 2007 可以使用的五种基本汉字字体分别是宋体、＿＿＿＿、＿＿＿＿＿、＿＿＿＿和＿＿＿＿＿＿。

2. Word 2007 中默认的中文字号是＿＿＿＿＿＿＿。

3. "字体"对话框中包括＿＿＿＿＿＿＿和＿＿＿＿＿＿＿两个选项卡。

4. 默认情况下，当字号用"磅"做度量单位时，磅值最大为＿＿＿＿＿＿，最小为＿＿＿＿。字号"八号"对应磅值＿＿＿＿＿，字号"初号"对应磅值＿＿＿＿＿。

5. 将所选文本变为纯文本和默认字体字号，需要单击＿＿＿＿＿＿选项卡下＿＿＿＿＿＿＿功能组中的＿＿＿＿＿＿＿＿＿＿按钮。

6. "Ctrl+B"组合键对应的操作是＿＿＿＿＿＿＿＿＿＿，倾斜的组合键是＿＿＿＿＿＿＿＿＿＿，下标的组合键是＿＿＿＿＿＿＿＿＿＿。

7. 字的拼音与字之间的距离可以进行调整，需要对＿＿＿＿＿＿＿＿＿进行设置。

8．当前文本的字号为"五号"，单击"增大字体"按钮两次后，字号变为_____。

9．打开"字体"对话框的组合键是_____。

10．字符间距包括标准、_____和_____。

任务二

一、判断题

1．Word 2007 中，文本对齐方式的设置属于字符格式编排。   (   )

2．Word 2007 中，两个段落之间的间距是通过设置"段落"对话框中的"段前"和"段后"值来调整的。   (   )

3．首行缩进指的是将段落的第一行从左向右缩进一定的距离，首行外的各行都保持不变，便于阅读和区分文章的整体结构。   (   )

4．悬挂缩进针对段落中第二行以后（包括第二行）的所有行起作用。   (   )

5．在 Word 2007 的编辑状态下，若要调整段落的左右缩进距离，比较直接、快捷的方法是调整标尺上的左右缩进游标。   (   )

6．在 Word 2007 中，通过水平标尺上的游标只能对段落的首行缩进和左右缩进进行设置。   (   )

7．中文版式中的合并字符要求字符数最多不超过 8 个汉字或字符。   (   )

8．若想让每一行的文字左右两端都对齐，需要设置为"两端对齐"。   (   )

9．行距选项中固定值和最小值的默认值都是 12 磅，当磅值减小时，它们的区别会很明显。   (   )

10．一个段落中的每行都可以添加项目符号。   (   )

二、单项选择题

1．在 Word 2007 中，默认的段落对齐方式是（   ）。

　　A．两端对齐　　　　　　　　　B．居中对齐

　　C．分散对齐　　　　　　　　　D．右对齐

2．在 Word 2007 编辑状态下，若要调整光标所在段落的行距，则首先进行的操作是（   ）。

　　A．单击"开始"选项卡　　　　　B．单击"插入"选项卡

　　C．单击"审阅"选项卡　　　　　D．单击"视图"选项卡

3．添加编号后，想让编号与其后的文本距离最近，可以在调整列表缩进对话框的"编号之后"选项中选择（   ）。

A．空格　　　　　B．制表符　　　　　C．不特别标注　　　D．无空格

4．杂志中的文章开头时会有一个比较大的字，这是设置了（　　　）。

    A．字体增大　　　B．首字下沉　　　　C．加粗　　　　　　D．黑体字

5．下列关于分栏的描述中正确的是（　　　）。

    A．分栏只能分两栏或三栏　　　　　　B．每一栏的栏宽都是相同的

    C．栏与栏之间可以添加分隔线　　　　D．分栏在"开始"选项卡中

6．进行段落缩进，最快捷的方法是使用（　　　）。

    A．Tab 键　　　　　　　　　　　　　B．工具栏按钮

    C．鼠标和标尺　　　　　　　　　　　D．"段落"对话框

7．下列关于对齐方式的描述中错误的是（　　　）。

    A．左对齐和两端对齐比较相似

    B．想让两行不一样长的文本左右对齐，则需要选择两端对齐

    C．居中对齐一般运用在段落的标题中

    D．右对齐的组合键是"Ctrl+R"

8．在 Word 2007 中默认纸张情况下最多可分为（　　　）栏。

    A．3　　　　　　　B．5　　　　　　　　C．8　　　　　　　　D．11

9．段落文本字号为四号，（　　　）减小到一定程度后操作再无效果。

    A．最小值　　　　　　　　　　　　　B．固定值

    C．A 和 B　　　　　　　　　　　　　D．以上都不对

10．项目符号可设置（　　　）。

    A．字体　　　　　　　　　　　　　　B．图片或符号

    C．对齐方式　　　　　　　　　　　　D．以上均可

三、填空题

1．段落对齐方式包括_____、_____、_____、_____和_____五种，默认的对齐方式是_____。

2．段落的缩进技术包括_____、_____、_____、_____四种。

3．每按一次 Tab 键，段落缩进_____厘米。

4．进行多栏排版时，首先要对分栏的内容进行_____。

5．"格式刷"的作用是_____。

6．若要改变行间距，可以选择_____选项卡下的_____功能组，调出"段落"对话框，从中选择适当的行间距，默认行距为_____。

7．纵横混排效果是在"开始"选项卡下"段落"功能组的_____按钮中进行设置。

8．首字下沉分为_____和_____。

9．分栏的下拉按钮中包括一栏、_____、三栏、偏左、_____，其中偏左是针对分_____栏的情况。

10．"段落"对话框中特殊格式包括_____和_____。

任务三

一、判断题

1．在文档窗口中显示被编辑文档的同时，能显示页码、页眉、页脚的是页面视图方式。
（   ）

2．在 Word 2007 中，一个文档的所有页眉都必须是相同的。   （   ）

3．在 Word 2007 中，页边距是文字与纸张边界之间的距离，分为上、下、左、右四类。
（   ）

4．在 Word 2007 中，如果整篇文档没有分节，那么当删除某页的页码时，其他页的页码仍保留。   （   ）

5．页边距可以通过标尺进行简单设置。   （   ）

6．"Ctrl+E"组合键对应的操作是两端对齐。   （   ）

7．在 Word 2007 中，人工分页符是一个可以被删除的符号。   （   ）

8．同一文档的同一页中的不同内容可以有各自的页面设置。   （   ）

9．设置了页面颜色，不仅美观而且还可以打印出来。   （   ）

10．"页面设置"功能组中的分隔符包括分页符和分节符两部分。   （   ）

二、单项选择题

1．在 Word 2007 中，在"页面设置"选项卡中，系统默认的纸张大小是（   ）。

A．A3   B．B5

C．A4   D．16 开

2．在 Word 2007 文档编辑中，如果想在某一个页面没有写满的情况下强行分页，那么可以插入（   ）。

A．边框   B．项目符号

C．分页符   D．换行符

3．在 Word 2007 文档中，页眉和页脚上的文字（　　）。

   A．不可以设置其字体、字号、颜色等

   B．可以对其字体、字号、颜色等进行设置

   C．仅可设置字体，不能设置字号和颜色

   D．不能设置段落格式，如行间距、段落对齐方式等

4．想为文章添加页眉，应该选择（　　）选项卡。

   A．开始　　　　　　　　　　　　B．页面布局

   C．插入　　　　　　　　　　　　D．视图

5．小王制作了非常精美且有背景颜色的 Word 文档，当打印后文字和插图都没问题，只是没有背景颜色，这是因为（　　）。

   A．页面颜色不能打印

   B．打印机有问题

   C．软件有问题，需要关闭后重新打开

   D．计算机有问题，需要重新启动

6．每页默认包含（　　）行，每行默认包含（　　）字符。

   A．40　35　　　　　　　　　　　B．40　39

   C．44　35　　　　　　　　　　　D．44　39

7．在“页眉和页脚工具　设计”选项卡中可以为页眉添加（　　）。

   A．日期和时间　　　　　　　　　B．图片和剪贴画

   C．表格　　　　　　　　　　　　D．以上都对

8．在进行页面设置时，可以双击（　　）打开“页面设置”对话框。

   A．工具栏　　　　　　　　　　　B．格式工具栏

   C．标尺　　　　　　　　　　　　D．常用工具栏

9．在文档中每一页的相同位置都出现浅灰色的“机密”两个字，这是设置了（　　）。

   A．页面颜色　　　　　　　　　　B．水印

   C．字体颜色　　　　　　　　　　D．字符底纹

10．下列关于页眉、页脚、页码的描述中正确的是（　　）。

   A．文档中每一页的页眉都必须是相同的

   B．文档中最多有 3 种页脚样式

   C．文档中的页码只能在页面最底端

   D．文档中第一页的页眉可以和其他页不同

三、填空题

1．在页面设置中，纸张方向有_____、_____两种。

2．在 Word 2007 文档编辑中，使用_____选项卡下_____功能组的"分隔符"下拉菜单中的_____选项可以实现对文本的强行分栏。

3．"页面设置"对话框中栏数最多设置为_____。

4．"页面布局"选项卡下"页面背景"功能组中包括_____、_____和_____的设置。

5．设置每页包含多少行是在_____对话框下的_____选项卡中进行。

6．"页面设置"功能组中可以进行文字方向的设置，普通文本方向可以设置为水平、_____和_____。

7．为文章添加页眉和页脚是在_____选项卡中进行操作。

8．文章已分节，想让页码连续，应该在"页码格式"对话框中选择_____。

9．为文章中每一行编号应单击_____选项卡下_____功能组中的_____按钮。

10．插入页脚时，若要第一页与其他页不一样，则需要勾选_____复选框；若要奇数页和偶数页不一样，则需要勾选_____复选框。

模块 3
插入和编辑文档对象

任务一

一、判断题

1. 插入形状后，其文字环绕方式默认为"嵌入型"。　　　　　　　　　　（　　）

2. 在 Word 2007 中，多个形状可以进行组合。　　　　　　　　　　　（　　）

3. 若插入形状不想要填充，则应该在"形状填充"下拉菜单中选择"无填充"选项。
　　　　　　　　　　　　　　　　　　　　　　　　　　　　　　（　　）

4. 形状中不能添加文字。　　　　　　　　　　　　　　　　　　　　（　　）

5. 若插入形状不想要形状轮廓，则应该在"形状轮廓"下拉菜单中选择"无轮廓"选项。
　　　　　　　　　　　　　　　　　　　　　　　　　　　　　　（　　）

6. 插入形状后，不能改变成其他形状。若想改变形状，则需要删除当前形状，然后重新插入。　　　　　　　　　　　　　　　　　　　　　　　　　　　　（　　）

7．插入形状后，形状周围出现 8 个控制点和 1 个绿色控制柄，绿色控制柄的作用是旋转形状。　　　　　　　　　　　　　　　　　　　　　　　　　　　　（　　）

8．可以为形状设置阴影效果和三维效果。　　　　　　　　　　　　　　　（　　）

9．选择多个形状，可以按 Shift 键。　　　　　　　　　　　　　　　　　（　　）

10．将某形状设置水平翻转等同于将形状旋转 180°。　　　　　　　　　　（　　）

二、单项选择题

1．在 Word 2007 中，插入一个"椭圆"形状，下列对该图形描述中不正确的是（　　　）。

    A．大小、位置、线型、颜色和角度等都能改变

    B．能改变形状（如变成平行四边形、梯形等）

    C．能裁剪部分区域

    D．能添加文字

2．若要用矩形工具画出正方形，则应同时按（　　　）键。

    A．Ctrl   B．Alt   C．Shift   D．Tab

3．下列有关组合的说法中正确的是（　　　）。

    A．对组合图形中的某个图形进行修改，需要先"取消组合"

    B．对组合图形整体移动时，需要先"取消组合"

    C．组合后的图形对象不能再进行修改

    D．以上说法都不正确

4．若将两个不同形状的中心点保持在一条垂线上，则应该在"对齐"下拉菜单中选择（　　　）选项。

    A．左对齐   B．顶端对齐   C．上下居中   D．左右居中

5．若想结束绘制曲线，则应（　　　）。

    A．单击鼠标   B．双击鼠标   C．右击鼠标   D．单击插图中的形状

6．在"绘图工具　格式"选项卡中可进行（　　　）操作。

    A．改变形状的填充   B．添加文字

    C．更改成另一种形状   D．以上都可以

7．"笑脸"形状进行（　　　）操作后仍然与最初相同。

    A．向左旋转 90°   B．向右旋转 90°

    C．水平翻转   D．垂直翻转

8．（　　　）可以编辑形状。

    A．矩形   B．曲线   C．等腰三角形   D．下箭头

9. 插入形状时，有一些形状上会出现黄颜色的菱形，其作用是（　　）。

    A．旋转　　　　　B．变形　　　　　C．放大　　　　　D．缩小

10. 多个形状中若想让其中一个作为打底形状，则使用（　　）操作能实现。

    A．置于底层　　　B．下移一层　　　C．置于顶层　　　D．上移一层

三、填空题

1. 在 Word 2007 中，文字环绕方式有_____、_____、_____、_____、_____、_____和_____七种。

2. 在文章中添加形状，应单击_____选项卡下的_____功能组中的"形状"按钮。

3. 插入形状后，出现_____选项卡，当添加文字后，变为_____选项卡。

4. 插入形状，默认的文字环绕方式是_____。

5. 若想改变当前形状，应单击_____选项卡下_____功能组中的_____按钮。

6. 将形状的轮廓线改为线型，需要启动_____对话框，在线型中进行选择。在此对话框中还可以设置填充和线条

7. 若将 3 个形状之间的水平距离设置相同，则需要先_____，在_____选项卡下_____功能组的"对齐"下拉菜单中选择_____选项。

8. 若选中某形状，在"排列"功能组选择"位置"下拉菜单中的"顶端居左，四周型环绕"选项，则形状现在的位置是在_____的左上角。

9. 改变形状的大小，可以直接拖曳控制点进行缩放，也可以在_____选项卡下_____功能组中输入_____和_____相应的数值。

10. 为形状设置阴影效果后，可以通过使用_____、_____、_____、_____四个按钮来对阴影进行调整。

任务二

一、判断题

1. 插入图片或剪贴画，默认的文字环绕方式是嵌入型。（　　）

2. 插入文档中的图片一旦被裁剪，就不能再恢复原图了。（　　）

3. 图片插入后不能改变形状。（　　）

4. 多张图片可以进行组合。（　　）

5．图片以中心点为基准进行缩放时需要按住 Ctrl 键。　　　　　（　　　）

6．在文章中，若文字在图片四周，则应将图片的文字环绕方式设置为"浮于文字上方"。
　　　　　　　　　　　　　　　　　　　　　　　　　　　　　　　（　　　）

7．若想编辑环绕顶点，则需要将图片的文字环绕方式设置为"四周型环绕"或"紧密型环绕"或"穿越型环绕"。　　　　　　　　　　　　　　　　　　　　　　　　（　　　）

8．压缩图片可以进行的选项包括保存时自动执行基本压缩和删除图片的剪裁区域。
　　　　　　　　　　　　　　　　　　　　　　　　　　　　　　　（　　　）

二、单项选择题

1．下列 Word 对象中，能够进行裁剪操作的是（　　　）。

　　A．文字　　　　　　B．表格　　　　　　C．图片　　　　　　D．图形

2．插入图片后新出现的选项卡是（　　　）。

　　A．图片编辑　格式　　　　　　　　B．图片工具　格式

　　C．图片更改　格式　　　　　　　　D．图片应用　格式

3．下列关于裁剪的说法中正确的是（　　　）。

　　A．任何对象都可以裁剪　　　　　　B．只有图片能裁剪

　　C．图片经过裁剪后不能恢复　　　　D．裁剪只能通过拖曳鼠标完成

4．一张完整的图片，有部分区域被文字遮住，其余部分能够排开文字，这是因为（　　　）。

　　A．图片是嵌入型　　　　　　　　　B．图片是紧密型

　　C．图片是四周型　　　　　　　　　D．图片进行了环绕顶点的编辑

5．对剪贴画能进行（　　　）操作。

　　A．改变大小　　　B．重新着色　　　C．改变形状　　　D．以上均可

6．为图片添加倒影，则需要在图片效果中设置（　　　）。

　　A．阴影　　　　B．映像　　　　　C．棱台　　　　　D．以上都不对

7．通过对（　　　）的设置可以使图片边缘比较柔和。

　　A．阴影　　　　　　B．映像　　　　　C．柔化边缘　　　D．棱台

8．当插入的剪贴画挡住原来的对象时，下列说法中不正确的是（　　　）。

　　A．调整剪贴画的叠放次序，将被遮挡的对象提前

　　B．可以调整剪贴画的位置

　　C．可以调整剪贴画的大小

　　D．只能删除这个剪贴画，更换大小适宜的剪贴画

三、填空题

1. 在 Word 2007 中，插入一张图片后可用_____选项卡设置图片格式。

2. 如果将图片变成灰度图，可以单击"图片工具 格式"选项卡下"调整"功能组中的_____按钮，在_____中选择"灰度"。

3. 若要等比例缩放图片，应按住_____键，同时拖曳图片四角的控制点之一。

4. 同时选中多张图片，单击_____按钮，然后选择_____选项，可以所选图中最右侧的图片为基准进行对齐。

5. 默认情况下，Word 2007 中的图片作为字符插入文档中，其位置随着其他字符的改变而改变，用户_____自由移动图片。而通过为图片设置_____，才能自由移动图片的位置。

6. 可对图片进行大小、旋转、裁剪、亮度、对比度、样式、边框和特殊效果等设置，若觉得效果不理想，可选中图片，然后单击"图片工具 格式"选项卡下"调整"功能组中的_____按钮，将图片还原为初始状态。

7. 将图片设置为"衬于文字下方"后，有时候不容易选中图片，此时可以单击"开始"选项卡下"编辑"功能组中的"选择"按钮，在弹出的下拉菜单中选择_____选项，然后在图片上单击。若要退出对象选择状态，可按_____键。

8. 将当前图片换成另一张的操作是先选中图片，右击并选择_____选项，之后选择要替换的图片。

任务三

一、判断题

1. 在 Word 2007 中插入图表，默认的文字环绕方式是"嵌入型"。　　　　　　（　　）

2. 改变图表类型需要用到"图表工具 布局"选项卡。　　　　　　　　　　　（　　）

3. 插入图表的操作是在"插入"选项卡下"图表"功能组中选择需要的图表类型。

　　　　　　　　　　　　　　　　　　　　　　　　　　　　　　　　　　（　　）

4. 图表中的图例可以显示也可以关闭。　　　　　　　　　　　　　　　　　　（　　）

5. "SmartArt 工具 设计"选项卡中的重设图形指的是重新选择一种 SmartArt 图形。

　　　　　　　　　　　　　　　　　　　　　　　　　　　　　　　　　　（　　）

6. 插入 SmartArt 图形默认的文字环绕方式是"四周型环绕"。　　　　　　　　（　　）

7．右击 SmartArt 图形，在打开的快捷菜单中选择"更改布局"选项，不仅可以选择当前类型的布局，还可以选择其他类型的布局。　　　　　　　　　　　　　　（　　）

8．SmartArt 图形可以设置填充及轮廓颜色。　　　　　　　　　　　　　　（　　）

二、单项选择题

1．图表数据源中的数据发生变化时，图表将（　　）。

    A．随着数据变化　　　　　　　　　　B．不会变化

    C．刷新后才会有变化　　　　　　　　D．与数据源中的数据断开关联

2．在 Word 2007 中插入图表，默认数据源是（　　）个系列。

    A．2　　　　　　B．3　　　　　　C．4　　　　　　D．5

3．修改图表数据源需要用到（　　）选项卡中的"编辑数据"按钮。

    A．图表工具 设计　　　　　　　　　B．图表工具 布局

    C．图表工具 格式　　　　　　　　　D．以上都不对

4．若要在图表中数据系列上方标识对应的数据，应单击（　　）选项卡中的"数据标签"按钮。

    A．图表工具 设计　　　　　　　　　B．图表工具 布局

    C．图表工具 格式　　　　　　　　　D．以上都不对

5．SmartArt 图形中选择层次结构，若要在某图形中增加下一层次内容，则应该在添加图形中选择（　　）。

    A．在上方添加形状　　　　　　　　　B．在下方添加形状

    C．在前方添加形状　　　　　　　　　D．在后方添加形状

6．在 Word 2007 中，下列（　　）对象不能改变叠放次序。

    A．文本　　　　B．SmartArt 图形　　C．图片　　　　D．形状

7．（　　）不属于 SmartArt 图形。

    A．列表　　　　　B．关系　　　　　C．流程图　　　　D．层次结构

8．用于显示组织中的分层信息或上下级关系的 SmartArt 图形是（　　）。

    A．列表　　　　　B．关系　　　　　C．棱锥图　　　　D．层次结构

三、填空题

1．插入图表后，会出现三个新的选项卡：＿＿＿＿＿＿＿＿选项卡、＿＿＿＿＿＿＿＿选项卡和＿＿＿＿＿＿＿＿＿＿选项卡。

2．Word 图表生成过程中会借助＿＿＿＿＿＿＿＿完成。

3．为图表添加标题，应单击_____选项卡下_____功能组中的_____按钮。

4．改变图表中的某个数据系列填充颜色需要用到_____选项卡。

5．插入 SmartArt 图形后，会出现_____和_____选项卡。

6．SmartArt 图形提供了多种布局，按类别可以分为_____、_____、_____、_____、_____、_____和_____类型，每一种类型又包含若干个布局。

7．使用 SmartArt 图形制作流程图，如果需要新增图形，则在_____选项卡下"创建图形"功能组中单击_____按钮，系统会在选中的形状后添加一个形状。

8．若想删除 SmartArt 图形中某一个图形，则选中图形按_____键即可。

任务四

一、判断题

1．在 Word 2007 中，把艺术字作为图形来处理。 （　　）

2．在 Word 2007 中插入艺术字后，文字内容就不能改变了。 （　　）

3．为艺术字添加的阴影是无法去除的。 （　　）

4．艺术字需要在"插入"选项卡下"文本"功能组中操作。 （　　）

5．在 Word 2007 中，文字方向作用于文本框时，"页面布局"选项卡中的 5 种方向只有 3 种可用。 （　　）

6．若要使文本框的边框不可见，只需将其线条颜色设置为"无颜色"即可。 （　　）

7．横排文本框不能和竖排文本框进行组合。 （　　）

8．文本框默认的文字环绕方式是"嵌入型"。 （　　）

二、单项选择题

1．在 Word 2007 中，可以使用组合功能将多个对象组合成一个整体图形，但参与组合的对象不能是（　　）。

　　A．文本框　　　　　B．艺术字　　　　　C．图片　　　　　D．图形

2．插入艺术字和文本框时的默认文字环绕方式（　　）。

　　A．都是嵌入型　　　　　　　　　　B．是嵌入型和浮于文字上方

　　C．是浮于文字上方和嵌入型　　　　D．都是浮于文字上方

3．艺术字默认的样式有（　　）种。

　　A．20　　　　　　　B．25　　　　　　　C．30　　　　　　　D．35

4．在 Word 2007 中改变艺术字字体大小的正确方法是（　　）。

    A．使用"字体"功能组　　　　　　B．使用"文字"功能组

    C．使用"艺术字格式"对话框　　　D．使用"艺术字样式"功能组

5．一个文本框输入满之后，继续输入的内容会出现在另一个文本框中，这是使用了文本框中的（　　）功能。

    A．特殊输入　　　B．特殊编辑　　　C．创建编辑　　　D．创建链接

6．（　　）是文本框中文字方向的设置选项。

    A．将所有文字旋转 90°　　　　　B．将所有中文字符旋转 90°

    C．将所有文字旋转 180°　　　　　D．将所有中文字符旋转 180°

7．"文本框样式"功能组中可以进行（　　）设置。

    A．形状填充　　　B．形状轮廓　　　C．更改形状　　　D．以上都对

8．下列说法中正确的是（　　）。

    A．形状和文本框可以相互转换

    B．文本框中的文字在"字体"功能组中进行设置

    C．文本框中不能插入艺术字

    D．文本框中可以插入图片，同时可以设置图片的文字环绕方式

三、填空题

1．新插入的艺术字，默认的文字环绕方式为＿＿＿＿＿＿＿＿。

2．插入艺术字后会出现＿＿＿＿＿＿＿＿选项卡。

3．选中艺术字，单击"艺术字工具 格式"选项卡，然后单击＿＿＿＿＿＿＿＿按钮，即可更改艺术字的形状。

4．艺术字中的所有英文字符都设置为一样高度的操作方法：在＿＿＿＿＿＿＿＿选项卡下＿＿＿＿＿＿＿＿功能组中单击＿＿＿＿＿＿＿＿按钮；将艺术字中的文字之间的距离加到最宽的程度的操作方法：在＿＿＿＿＿＿＿＿选项卡下＿＿＿＿＿＿＿＿功能组中单击＿＿＿＿＿＿＿＿按钮进行设置。

5．艺术字的字号以＿＿＿＿＿＿为单位，默认最大值是＿＿＿＿＿＿，最小值是＿＿＿＿＿＿。

6．插入文本框后会出现＿＿＿＿＿＿＿＿选项卡。

7．文本框中的文字方向包括＿＿＿＿＿＿＿＿、＿＿＿＿＿＿＿＿、＿＿＿＿＿＿＿＿、＿＿＿＿＿＿＿＿和＿＿＿＿＿＿＿＿五种。

8．文本框中＿＿＿＿＿＿＿＿插入艺术字，其中的艺术字的文字环绕方式＿＿＿＿＿＿＿＿修改。（填"能"或"不能"）

任务五

一、判断题

1．在 Word 2007 的表格中，单元格是一个独立的编辑单位，对单元格来说，其内容除了文字，可以是另一个表格、图片和艺术字等，还可以输入公式。 （　　）

2．在 Word 2007 的表格中，单元格的高度、宽度和底纹均能改变。 （　　）

3．删除表格的方法是将整个表格选定，按 Delete 键。 （　　）

4．在 Word 2007 中，表格只能合并单元格，不能拆分单元格。 （　　）

5．Word 2007 表格的单元格中不能添加项目符号或编号。 （　　）

6．在 Word 2007 表格中输入内容时，如果输入的文字超过了单元格所能容纳的位置，那么表格线将自动后移。 （　　）

7．表格的行、列和单元格都可以进行增加或删除操作。 （　　）

8．在 Word 2007 中，可以通过单击"插入"选项卡中的"公式"按钮或单击"插入"选项卡中的"对象"按钮，使用"公式编辑器"等方法输入公式。 （　　）

9．插入公式后默认是显示的。 （　　）

10．公式可以像图片一样，放到文档的任意位置。 （　　）

二、单项选择题

1．将 Word 2007 表格中两个单元格合并成一个单元格后，单元格中的内容（　　）。

    A．只保留第 1 个单元格内容   B．2 个单元格内容均保留

    C．只保留第 2 个单元格内容   D．2 个单元格内容全部丢失

2．在 Word 2007 中，选择表格的一行，之后单击"开始"选项卡中的"剪切"按钮，则（　　）。

    A．该行被删除，表格减少一行

    B．该行被删除，并且表格可能被拆分成上下两个表格

    C．仅该行的内容被删除，表格单元变成空白

    D．整个表格被完全删除

3．下列关于 Word 表格线的叙述中正确的是（　　）。

    A．表格线只能自动产生，不能手工绘制

    B．表格线可以手工绘制，但线的粗细不能改变

C．表格线可以手工绘制，但线的颜色不能改变

  D．表格线可以手工绘制，而且线的粗细和颜色均能改变

4．在 Word 2007 的表格中，按（ ）不能从一个单元格移动到另一个单元格。

  A．方向键   B．Tab 键   C．Enter 键   D．单击下一个单元格

5．在 Word 2007 表格的编辑中，快速拆分表格应按（ ）组合键。

  A．Ctrl+Enter   B．Shift+Enter

  C．Ctrl+Shift+Enter   D．Alt+Enter

6．在 Word 2007 中，单击"绘制表格"按钮，用绘笔在某单元格的对角画出一条线后，（ ）。

  A．该单元格被分成两个独立的单元格

  B．该单元格被分成两个独立的单元格，但只能在位于上方的一个单元格中输入内容

  C．该单元格被分成两个独立的单元格，但只能在位于下方的一个单元格中输入内容

  D．该单元格仍按一个单元格看待，并且输入的内容可能与该线重叠

7．下列关于 Word 表格数据排序的叙述中正确的是（ ）。

  A．排序的作用范围只能是表格中被选定的部分

  B．排序的依据只能是列

  C．排序依据的类型只能是数字或英文字母

  D．排序只能按升序

8．在 Word 2007 中，表格中单元格的高度可以使用（ ）进行调整。

  A．水平标尺 B．垂直标尺 C．空格   D．自动套用格式

9．在 Word 2007 中，若当前插入点在表格最后一行的最后一个单元格内，按 Tab 键，则（ ）。

  A．插入点向右移动一个水平制表位

  B．插入点移至表格外

  C．在当前行下方增加一行，并且插入点移至新行的第一个单元格内

  D．在当前行上方增加一行，并且插入点位置不变

10．在 Word 2007 的表格操作中，改变表格的行高与列宽可用鼠标操作，方法是（ ）。

  A．当鼠标指针在表格线上变为双箭头形状时拖曳鼠标

  B．单击表格线

  C．单击"合并单元格"按钮

  D．单击"拆分单元格"按钮

三、填空题

1．在 Word 2007 中要建立一个表格，方法是单击_____选项卡中的"表格"按钮。

2．在绘制表格过程中，按_____键能将铅笔工具转换为橡皮工具。

3．在 Word 2007 中，可以使用标尺或在右击弹出的快捷菜单中选择_____选项，修改表格中的行高和列宽。

4．在 Word 2007 中选择整个表格后，按 Delete 键并不能删除表格，只是删除了表格的_____。要删除表格，需要单击"表格工具 布局"选项卡中的"删除"按钮，在打开的下拉菜单中选择_____选项。

5．若表格中要插入多行或多列，可同时选中多个行或列，然后右击，选择"插入"选项，这样插入的行、列数量与选取的数量_____。

6．Word 2007 可以把选中的文本转换为表格：先选中文本，之后单击"插入"选项卡中的"表格"按钮，在打开的下拉菜单中选择_____选项。

7．在 Word 2007 中制作表格，如果要将光标移动到前一个单元格，可按_____组合键。

8．在 Word 2007 中，可以通过单击_____选项卡下_____功能组中的_____按钮输入公式，之后选中公式，按_____组合键放大公式。

9．使用"公式工具 设计"选项卡输入公式的步骤：先选择_____功能组中的选项，再在_____中输入内容。

10．在空白文档中使用"公式工具 设计"选项卡输入的公式，默认状态是_____，可以改为显示，公式呈现方式有专业型和_____。

模块 4

文档排版的高级操作

任务一

一、判断题

1．Word 2007 的"样式"功能组在"插入"选项卡中。 （　　）

2．新建的样式不能删除。 （　　）

3．一篇文章中可以应用多个样式。 （　　）

4．内置样式不能修改，只能新建自己想要的样式。 （　　）

5．内置样式中有关强调的样式都是将文本倾斜显示。 （　　）

6．某段文本应用了样式1后，就不能再应用其他样式了。 （　　）

7．样式1删除后，应用此样式的文本也被删除。 （　　）

8．新建的样式只能应用于当前文档，如果想应用在其他文档，只能再新建一次此样式。

（　　）

9．在"管理样式"对话框中，可以对选择的样式进行修改和删除操作。 （　　）

10．"样式检查器"对话框中包括段落格式和文字级别格式，可以清除选中样式的段落和字符格式，也可以在显示格式列表中进行相应的设置。   （   ）

二、单项选择题

1．Word 2007 的"样式"功能组在（   ）选项卡中。

    A．开始   B．插入

    C．页面布局   D．引用

2．文章中一段文本已经应用某样式，当再次改变样式时，这段文本则（   ）。

    A．不变   B．随之改变

    C．清除所有样式   D．出现错误提示

3．下列不能修改已有样式的方法是（   ）。

    A．右击某样式，选择"修改"选项

    B．在"样式"窗口中单击"管理样式"按钮

    C．双击某样式

    D．单击某样式右侧的下拉箭头，选择"修改"按钮

4．下列关于样式和格式的说法中正确的是（   ）。

    A．样式是格式的集合   B．格式是样式的集合

    C．格式和样式没有关系   D．格式中有几个样式，样式中也有几个格式

5．Word 2007 中自定义的样式，在（   ）的状况下能在其后新建的文档中应用。

    A．选中"自动更正"   B．选中"纯文本"

    C．选中"基于该模板的新文档"   D．设置快捷键

6．"样式"窗口中"全部清除"选项的含义是（   ）。

    A．只能清除刚应用的样式

    B．只能清除刚应用的内部样式

    C．可以清除所选文本的所有格式及样式

    D．将文档中的文本全部删除

7．下列关于创建新样式的描述中正确的是（   ）。

    A．创建新样式命名时可与内置样式重名

    B．创建新样式可以设置页面格式

    C．创建新样式名称只能用汉字命名

    D．为新样式指定快捷键最好不要与固定的快捷键冲突，若有冲突则以快捷键的新功能为准

8．关于样式，下列说法中不正确的是（　　）。

A．用户可以设置字符样式和段落样式

B．用户可以删除样式列表中的所有样式

C．用户可以创建新的样式

D．用户可以对样式列表中的所有样式进行修改

9．为新建样式指定了组合键为"Ctrl+L"，选中文本后按"Ctrl+L"组合键，则（　　）。

A．选中的文本应用新样式　　　　　　B．选中的文本左对齐

C．选中的文本右对齐　　　　　　　　D．选中的文本没有变化

10．某段文本应用了"我的段落"样式后，若删除"我的段落"样式，则（　　）。

A．该段落的文本被删除　　　　　　　B．该段落的文本变为默认设置

C．该段落的文本没有变化　　　　　　D．该文章的文本被删除

三、填空题

1．按钮 的含义是_____，"样式"窗口中还包含两个按钮，分别是_____和_____。

2．打开"样式"窗口的组合键是_____。

3．内置样式可以_____、_____，但不可以_____。（填"删除""修改"或"应用"）

4．"样式"窗口中的"全部清除"选项与_____选项卡下_____功能组中的"清除格式"命令的功能一样。

5．一般情况下，新建的样式只能应用于当前文档，是因为在"根据格式设置创建新样式"对话框中默认状态选择的是_____，若要想之后新建的文档也能应用该样式，则应在"根据格式设置创建新样式"对话框中单击_____单选按钮。

6．样式的创建中包括对_____格式和_____格式的设置。

7．样式功能组包括_____和_____。

8．更改样式包括对_____、_____和_____的修改。

9．内置样式中"标题"样式的大纲级别是_____级。

10．所谓_____，就是新建样式在其基础上进行修改的样式。

任务二

一、判断题

1．在 Word 2007 的大纲视图中无法显示艺术字对象，也无法对其进行拼写检查。

（　　）

2．利用大纲视图可以改变段落的大纲级别。 （ ）

3．大纲视图能满足"所见即所得"的要求，可以对文本、格式和版面进行最后的修改。

（ ）

4．"目录"按钮在"引用"选项卡中。 （ ）

5．创建目录时，用户不能对目录样式进行修改。 （ ）

6．大纲视图中某行文字前的"+"表示内部还包括其他内容，展开后会变为"-"。

（ ）

7．大纲级别不同，创建的目录会有一定的缩进区别。 （ ）

8．使用书签功能可以快速完成文档的内容定位。 （ ）

9．使用大纲视图可以改变段落的顺序。 （ ）

10．目录默认的显示级别为 5 级。 （ ）

二、单项选择题

1．要将使用自定义样式的正文段落提取为目录文本，应先单击"引用"选项卡中（ ）按钮定义大纲级别。

    A．添加文字   B．修改

    C．选项   D．前导符

2．在 Word 2007 编辑状态下，若退出大纲视图方式，则应（ ）。

    A．按 Ctrl 键   B．单击"关闭大纲视图"按钮

    C．单击正文编辑区   D．按 Esc 键

3．在 Word 2007 中，要想自动生成目录，一般在文档中应包含（ ）样式。

    A．题目   B．项目符号或编号

    C．正文   D．段落

4．便于组织和维护长文档的视图是（ ）。

    A．普通视图   B．大纲视图   C．页面视图   D．阅读版式视图

5．为文档制作目录时，在（ ）选项卡中进行。

    A．开始   B．插入   C．引用   D．页面布局

6．要使文档能自动更正经常输错的单词，应使用（ ）功能。

    A．拼写检查   B．同义词库   C．自动拼写   D．自动更正

7．下列选项中可以改变文本级别的是（ ）。

    A．大纲视图   B．"段落"对话框   C．内置样式   D．以上均可

8．目录创建后，对文章内容进行了比较大的改动，要让目录快速改正，则应（ ）。

A．将原目录删除，重新创建目录

B．右击目录并选择更新目录中的"只更新页码"

C．右击目录并选择更新目录中的"更新整个目录"

D．在原目录上直接进行修改

9．"目录"对话框中可进行（　　）操作。

A．设置显示级别　　　　　　　　B．设置页码右对齐

C．设置制表符前导符　　　　　　D．以上均可

10．下列关于目录的说法中正确的是（　　　）。

A．创建目录后就不能改变了

B．将目录中页码修改后，标题链接到的页码随之改变

C．如果不改变目录格式，只更新目录中的页码，应选择更新目录中的"只更新页码"

D．目录创建后可以修改字体字号，但不能修改行距

三、填空题

1．创建目录需要单击＿＿＿＿＿选项卡下＿＿＿＿＿功能组中的＿＿＿＿＿＿按钮。

2．在大纲视图中，"大纲工具"功能组中的 ➡ 表示＿＿＿＿＿＿含义。

3．若文章已经插入目录，但修改文章后页数有所变化，则可以在"引用"选项卡下的"目录"功能组中单击＿＿＿＿＿＿＿按钮来自动调整目录。

4．目录创建完成后，按住＿＿＿＿＿＿＿＿键并单击标题可以跳转到文档中的相应标题。

5．插入目录默认显示的级别是＿＿＿＿＿级。

6．修改大纲级别可以使用＿＿＿＿＿＿＿、＿＿＿＿＿＿＿、＿＿＿＿＿＿＿或＿＿＿＿＿＿来进行。

7．若创建目录后，文章进行了个别标题的修改并添加了内容，则应右击目录选择＿＿＿＿＿＿选项，在其对话框中单击＿＿＿＿＿＿＿＿＿单选按钮。

8．大纲视图中段落前的⊕表示内部＿＿＿＿＿＿＿＿＿，⊝表示内部＿＿＿＿＿＿＿＿＿＿。

9．设置目录标题与页码之间的符号，应该在"目录"对话框的＿＿＿＿＿＿＿＿中进行。

10．使用"目录"功能组中的＿＿＿＿＿＿＿＿按钮可以改变大纲级别。

任务三

一、判断题

1．"字数统计"按钮在"审阅"选项卡中。　　　　　　　　　　　　　　（　　）

2．想要对文章进行整体拼写检查，必须从头看到尾，没有其他快捷方法。　　（　　）

3．脚注的默认编号为 1，2，3，…，尾注的默认编号为 i，ii，iii，…。　　（　　）

4．插入脚注后，相应的内容可以修改，但脚注不能从文章中删除。　　（　　）

5．脚注和批注可以相互转换。　　（　　）

6．批注框只能完整地显示在文档的右侧。　　（　　）

7．邮件合并时只能用已经存在的两个文档。　　（　　）

8．邮件合并的数据源可以是 Word 文档或 Excel 表格。　　（　　）

9．邮件合并生成的第一个文件默认名为"邮件 1"。　　（　　）

10．单击"中文信封"按钮不仅可以制作单个信封，还可以批量制作信封。　　（　　）

二、单项选择题

1．在 Word 2007 编辑状态下，给当前文档的某个词加上尾注，应使用（　　）选项卡。

    A．引用　　　　　B．邮件　　　　　C．视图　　　　　D．审阅

2．下列说法中正确的是（　　）。

    A．脚注一般位于文档最后面

    B．尾注位于每一页最下方

    C．脚注和尾注没有任何区别

    D．插入脚注和尾注都是在"引用"选项卡中操作

3．脚注的位置是在（　　）。

    A．加注文本所在页的最上方　　　　　B．加注文本所在页的最下方

    C．文章的最前端　　　　　D．文章的最末端

4．（　　）是尾注的默认格式。

    A．1，2，3，…　　　　　B．i，ii，iii，…

    C．a，b，c，…　　　　　D．①，②，③，…

5．在 Word 2007 文档中，"书签"按钮的作用是（　　）。

    A．快速浏览文档　　　　　B．快速复制文档

    C．快速移动文本　　　　　D．快速定位文档

6．"书签"按钮在（　　）选项卡下（　　）功能组中。

    A．开始　样式　　　　　B．插入　样式

    C．插入　链接　　　　　D．开始　链接

7．在 Word 2007 中，完成邮件合并功能是在（　　）选项卡中进行的。

    A．开始　　　　　B．插入　　　　　C．页面布局　　　　　D．邮件

8．邮件合并选择收件人后，应再使用（　　）操作将需要合并的域进行选择。

A．使用合并域　　　　　　　　　B．插入编辑域

C．使用编辑域　　　　　　　　　D．插入合并域

9．邮件合并的数据源是（　　）格式文件。

A．.DOCX　　　　　　　　　　　B．.XLSX

C．以上两种均可　　　　　　　　D．任意文件类型

10．完成邮件合并后会（　　）。

A．在原文件中生成信函　　　　　B．生成新文档并形成信函

C．没有任何变化　　　　　　　　D．生成邮件

三、填空题

1．对文章进行拼写检查，要在"审阅"选项卡下_____功能组中单击_____按钮。

2．对文章进行统计字数，在_____选项卡下_____功能组中单击_____按钮即可。

3．尾注的位置是在文章的_____（填"前端"或"末端"），与所加注文本的所在页_____（填"有关"或"无关"）。

4．右击脚注并选择_____选项可以将其转换为尾注。脚注的默认编号格式是_____，若想设置为其他格式，则需要右击脚注并选择_____选项。

5．若想隐藏批注框，则需要在_____选项卡下_____功能组的_____下拉菜单中_____选项。

6．邮件合并中的数据源可以用 Excel 或_____文件。若邮件合并中没有数据源，则可以使用邮件的"开始邮件合并"功能组的"选择收件人"下拉菜单中的_____选项，用户自己创建数据源。

7．邮件合并时，在主文档中插入姓名域则会出现_____。

8．邮件合并完成后会新生成一个文件，默认名为_____。

9．制作批量信封的数据源可以是 Excel 电子表格或_____。

10．使用邮件中的_____按钮可以制作单个信封和批量信封。

模块 5

Excel 2007 的基本操作

任务一

一、判断题

1. 在 Excel 2007 的名称框中显示的是当前选中工作表的名称。 （　　）

2. 在 Excel 2007 中，B5 表示位于工作表第 B 行第 5 列的单元格。 （　　）

3. 在 Excel 2007 中，工作表的名称显示在标题栏上。 （　　）

4. 在 Excel 2007 中，工作簿包含工作表。 （　　）

5. 在 Excel 2007 的快速访问工具栏中，按钮的个数不可以改变。 （　　）

6. 在 Excel 2007 中，用来储存并处理工作表数据的文件称为工作簿。 （　　）

7. 在 Excel 2007 中新建工作簿后，第一张工作表默认名称是 Sheet1。 （　　）

8. 启动 Excel 2007 后，系统提供的第一个默认文件名是 Book1。 （　　）

9. 在 Excel 2007 中，单元格由行和列交叉组成，是 Excel 编辑数据的最小单位。

（　　）

10．在 Excel 2007 中，每个工作表由 16384 行构成。　　　　　　　　　　（　　　）

二、单项选择题

1．在 Excel 2007 中，"工作表"是用行和列组成的表格，分别用（　　）区别行和列。

  A．数字和数字　　　　　　　　　　B．字母和字母

  C．数字和字母　　　　　　　　　　D．字母和数字

2．下列不能退出 Excel 2007 的操作是（　　）。

  A．双击"Office 按钮"

  B．按"Ctrl+F4"组合键

  C．右击标题栏空白处，在弹出的快捷菜单中选择"关闭"选项

  D．单击"Office 按钮"，在打开的菜单中单机"退出 Excel"按钮

3．Excel 2007 最突出的特点是引入了（　　），其中组织了各种操作按钮，而功能组又集中在各个选项卡下。

  A．状态栏　　　　B．功能区　　　　C．Office 按钮　　　D．功能组

4．下列不属于 Excel 2007 功能的是（　　）。

  A．制作表格　　　　　　　　　　B．数据计算

  C．数据分析　　　　　　　　　　D．制作演示文稿

5．在 Excel 2007 中，Excel 单元格的地址是由以下哪项来表示的？（　　）

  A．列标和行号　　　　　　　　　　B．行号

  C．列标　　　　　　　　　　　　　D．任意确定

6．在 Excel 2007 中，工作簿是指（　　）。

  A．在 Excel 环境中用来存储和处理工作数据的文件

  B．不能有若干类型的表格共存的单一电子表格

  C．图表

  D．数据库

7．在 Excel 2007 中，一个 Excel 文档对应一个（　　）。

  A．工作簿　　　　B．工作表　　　　C．单元格　　　　D．一行

8．Excel 2007 的一个工作簿文件中最多可以包含工作表的数量是（　　）。

  A．1048576　　　　B．16384　　　　C．255　　　　D．受内存限制

9．在 Excel 2007 中，若选择了从 A5 到 B7 和从 C7 到 E9 两个单元格区域，则在 Excel 2007 中的表示方法为（　　）。

  A．A5:B7　C7:E9　　　　　　　　B．A5:B7，C7:E9

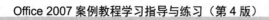

    C. A5:E9　　　　　　　　　　D. A5，B7，C7，E9

10. 在 Excel 2007 中，可选定不连续的单元格，其中活动单元格是以（　　）方式标识的。

    A. 黑底色　　　　B. 黑线框　　　　C. 高亮度条　　　　D. 白色

三、填空题

1. Excel 2007 的单元格是由行和列交叉组成，单元格地址为 A2，表示其位于_____行_____列。

2. 在 Excel 2007 中，创建的文件被称作_____，其文件扩展名为_____。

3. 在 Excel 2007 中，单元格地址由单元格所在的_____和_____组成，其中列标用_____来表示，工作表中第一个单元格的地址是_____。

4. 在 Excel 2007 中，显示或隐藏功能区的组合键是_____。

5. 在 Excel 2007 中，单击位于行号和列号交叉处的_____按钮，可选定整张工作表。

6. 在 Excel 2007 中，数据编辑栏由_____、_____和编辑框三部分组成。

7. 在 Excel 2007 中，选择一组单元格后，活动单元格的数目是_____个单元格。

8. 在 Excel 2007 工作表中，B6:D8 单元格区域包含_____个单元格。

9. Excel 2007 中默认的视图模式是_____视图。

10. 在 Excel 2007 中，指定 A2～A6 五个单元格的表示形式是_____。

任务二

一、判断题

1. 在 Excel 2007 中，工作表可以在所在工作簿内移动，但不能移动到其他工作簿内。
（　　）

2. Excel 2007 工作表不可以重新命名。（　　）

3. Excel 2007 中，当选择两个或两个以上的工作表后，标题栏会出现"工作组"字样。
（　　）

4. Excel 2007 可以对某一个单元格进行保护，也可以对整张工作表进行保护。（　　）

5. Excel 2007 没有自动保存功能。（　　）

6. 在 Excel 2007 中，选定整张工作表时，可通过单击"全选"按钮进行选定。（　　）

7. 在 Excel 2007 中，可以隐藏工作簿、工作表及单元格内的公式。（　　）

8. 在 Excel 2007 中，所有单元格默认处于锁定状态。（　　）

9. 在 Excel 2007 中，可以隐藏工作簿中的所有工作表。　　　　　　　　（　　）

10. 在 Excel 2007 中，工作表删除后可以恢复。　　　　　　　　　　　（　　）

二、单项选择题

1. 在 Excel 2007 中，下列有关移动和复制工作表的说法正确的是（　　）。

　A．工作表可以在所在工作簿内移动，也可复制到其他工作簿内

　B．工作表只可以在所在工作簿内复制，不能移动

　C．工作表可以在所在工作簿内移动，不能复制到其他工作簿内

　D．工作表只可以在所在工作簿内移动，不能复制

2. 默认情况下，Excel 2007 工作簿包含工作表数量是（　　）。

　A．1　　　　　　　B．2　　　　　　　C．3　　　　　　　D．4

3. 在 Excel 2007 中，下列操作不能保存工作簿的是（　　）。

　A．单击"Office 按钮"，在打开的菜单中选择"保存"选项

　B．按"Ctrl+S"组合键

　C．单击快速访问工具栏中的"保存"按钮

　D．按"Ctrl+O"组合键

4. 在 Excel 2007 中，使用下列操作不能打开工作簿的是（　　）。

　A．单击"Office 按钮"，在打开的菜单中选择"打开"选项

　B．按"Ctrl+W"组合键

　C．单击快速访问工具栏中已添加的"打开"按钮

　D．按"Ctrl+O"组合键

5. 在 Excel 2007 中，正确选择多个连续工作表的步骤是（　　）。

　① 单击第一个工作表的选项卡

　② 按住 Shift 键

　③ 单击最后一个工作表选项卡

　A．③①②　　　　　　　　　　　B．②①③

　C．①②③　　　　　　　　　　　D．①③②

6. 在 Excel 2007 中，选定多个不连续的工作表时使用的按键是（　　）。

　A．Ctrl　　　　　B．Shift　　　　　C．Alt　　　　　D．Delete

7. 有关 Excel 2007 工作表的操作，下列表述错误的是（　　）。

　A．工作表的默认选项卡是 Sheet1，Sheet2，Sheet3，…用户可以重新命名

　B．工作表选项卡的颜色可以修改

C．一次可以删除一个工作簿中的多个工作表

D．一次不可以选定一个工作簿中的所有工作表

8．在 Excel 2007 中，下列关于"新建工作簿"的说法正确的是（　　　）。

A．新建工作簿会覆盖原来的工作簿

B．新建的工作簿在原来的工作簿关闭后出现

C．可以同时出现两个工作簿

D．新建工作簿可以使用"Shift+F11"组合键

9．在 Excel 2007 中，将工作表重新命名时，工作表名称不能含有（　　　）字符。

A．%　　　　　　　B．@　　　　　　　C．$　　　　　　　D．*

10．在 Excel 2007 中，一个新工作簿保存时（　　　）。

A．只能选择"Office 按钮"菜单中的"保存"选项

B．只能选择"Office 按钮"菜单中的"另存为"选项

C．只能选择"Ctrl+S"组合键

D．选择"Office 按钮"菜单中的"保存"选项或"另存为"选项或使用"Ctrl+S"组合键

三、填空题

1．在 Excel 2007 中，要在同一个工作簿中复制工作表，只需在拖曳工作表选项卡的过程中按住_____键即可。

2．在 Excel 2007 中，要在工作簿中插入新工作表，可使用_____组合键。

3．在 Excel 2007 中，为了保护单元格内的数据，可将一些重要的单元格隐藏或锁定。在"隐藏和取消隐藏"选项中可以选择隐藏_____、_____和_____。

4．在 Excel 2007 中，直接_____工作表选项卡，可以对工作表进行重命名操作。

5．在 Excel 2007 中，模板文件的扩展名是_____。

6．在 Excel 2007 中，隐藏行的组合键是_____。

7．在 Excel 2007 中，隐藏列的组合键是_____。

8．在 Excel 2007 中，将鼠标指针指向某工作表选项卡，若在按 Ctrl 键的同时拖曳选项卡到新的位置，则完成_____操作；若在拖曳过程中不按 Ctrl 键，则完成_____操作。

9．在 Excel 2007 中，使用_____，可以进行创建、打开、打印工作簿等操作，也可以从最近使用过的工作簿中直接选择要打开的文档进行查看或编辑。

10．在 Excel 2007 中，保护工作簿时，应单击_____选项卡下_____功能组的"保护工作簿"按钮。

任务三

一、判断题

1. 在 Excel 2007 中，A1 单元格设置为整数数字格式，当输入"33.51"时，显示为"33"。
（　　）

2. 在 Excel 2007 中，若输入的分数没有整数部分，则需要将"0"作为整数部分加上，以避免系统将其作为日期数据或文本数据对待。（　　）

3. Excel 2007 单元格内输入"1/2"，显示的值是"1 月 2 日"。（　　）

4. 向 Excel 2007 工作表中输入文本数据，若文本数据全由数字组成，则应在数字前加一个中文单引号。（　　）

5. 在 Excel 2007 单元格内的数据可以水平居中，但不能垂直居中。（　　）

6. 在 Excel 2007 中，可将数据分为文本、数字两种数据格式。（　　）

7. 在 Excel 2007 的单元格内输入"5-2"后，单元格显示为 3。（　　）

8. 在 Excel 2007 中，单元格内输入数值"123"，则默认的对齐方式为右对齐。（　　）

9. 在 Excel 2007 中，单元格内输入"（20）"，则该单元格显示为"-20"。（　　）

10. 在 Excel 2007 中，没有自动填充功能。（　　）

二、单项选择题

1. 在 Excel 2007 中，将数据设置为（　　）格式后，可以显示邮政编码、中文大小写数字等。

　　A. 数值　　　　　B. 特殊　　　　　C. 会计专用　　　　　D. 自定义

2. 在 Excel 2007 的单元格内不能输入的内容是（　　）。

　　A. 文本　　　　　B. 数值　　　　　C. 图表　　　　　D. 日期

3. 在 Excel 2007 中，如果把一串阿拉伯数字作为字符而不是数值输入时，应当在数字前加（　　）。

　　A. =　　　　　B. '　　　　　C. !　　　　　D. '

4. 在 Excel 2007 中，要确认当前单元格输入内容并移向下面的单元格，可按（　　）键。

　　A. Tab　　　　　B. Shift+Tab　　　　　C. Enter　　　　　D. Shift+Enter

5.（　　）用于对单元格的内容进行解释说明。

　　A. 尾注　　　　　B. 脚注　　　　　C. 批注　　　　　D. 题注

6．在 Excel 2007 中，将数据设置为（　　　）格式后，输入数据时将自动对齐人民币符号（或美元符号）和小数点。

   A．数值　　　　　B．货币　　　　　C．会计专用　　　　D．自定义

7．在 Excel 2007 中，单元格内的文本显示时，默认（　　　）。

   A．居中　　　　　B．靠左对齐　　　　C．靠右对齐　　　　D．不定

8．在 Excel 2007 中，要取消当前单元格内输入的内容，可按（　　　）键。

   A．Tab　　　　　B．Shift　　　　　C．Esc　　　　　D．Enter

9．在 Excel 2007 中，单元格内强制换行可按（　　　）键。

   A．Ctrl+Enter　　　B．Enter　　　　C．Shift+Enter　　　D．Alt+Enter

10．在 Excel 2007 中，不同单元格内输入相同内容时可按（　　　）键。

   A．Ctrl+Enter　　　B．Enter　　　　C．Shift+Enter　　　D．Alt+Enter

三、填空题

1．在 Excel 2007 中，要对数据输入进行合法性检验，则通过单击"数据"选项卡下"数据工具"功能组的_____按钮进行有关的设置来实现。

2．在 Excel 2007 的单元格内输入时间时，用_____分开时、分和秒。

3．在 Excel 2007 中，当输入的数值长度超过 11 位时，采用_____显示数据。

4．在 Excel 2007 中，一般情况下，对数字和文本的自动填充相当于_____，而对数字和文本的混合形式则按序列进行填充。

5．在 Excel 2007 中，"数据有效性"功能可预先设置某一单元格允许输入的_____和_____，还可以设置数据输入提示信息和输入错误提示信息。

6．在 Excel 2007 的单元格内输入日期时，年、月、日分隔符可以是_____或_____。

7．在 Excel 2007 中，A1 和 A2 单元格内的数字分别是"1"和"4"，选定这两个单元格之后，用填充柄填充到 A3:A5 单元格区域，其中 A4 单元格内的值是_____。

8．在 Excel 2007 中，输入分数"1/2"时，首先输入_____和一个_____，然后输入 1/2。

9．在 Excel 2007 中，按_____组合键可以输入当前日期，按_____组合键可以输入当前时间。

10．Excel 2007 中，填充选项中序列类型包含_____、_____、等差序列和日期。

模块 6

编辑和美化电子表格

任务一

一、判断题

1. 在 Excel 2007 中，可以使用"格式刷"功能调整行高和列宽。（　　）

2. 在 Excel 2007 中，当单元格内的字符串超过该单元格的显示宽度时，该字符串可能因占用右侧单元格的显示空间而全部显示出来。（　　）

3. 在 Excel 2007 中，行高和列宽无法精确到某个值。（　　）

4. 在 Excel 2007 中，插入单元格时，默认活动单元格下移。（　　）

5. 在 Excel 2007 中，单元格的清除与删除是相同的。（　　）

6. 在 Excel 2007 中，使用"合并及居中"功能不会丢失数据。（　　）

7. 在 Excel 2007 中，删除单元格可以按 Delete 键。（　　）

8．在 Excel 2007 中，要选定多个单元格必须使用鼠标。　　　　（　　）

9．在 Excel 2007 中，单击"全选"按钮可以选定本工作表中的所有单元格。　（　　）

10．在 Excel 2007 中，插入或删除行后，工作表中行的数目始终保持不变。　（　　）

二、单项选择题

1．在 Excel 2007 中，在"开始"选项卡下（　　）功能组的"格式"下拉菜单中分别选择"行高"和"列宽"选项，可以精确控制行高和列宽的大小。

　　A．数字　　　　　　　　　　B．编辑

　　C．单元格　　　　　　　　　D．样式

2．在 Excel 2007 中，不能实现的操作是（　　）。

　　A．调整单元格高度　　　　　B．插入单元格

　　C．合并单元格　　　　　　　D．拆分单元格

3．在 Excel 2007 中，有关单元格的合并，下列描述不正确的是（　　）。

　　A．单元格合并是指将多个单元格变为一个

　　B．单元格合并后只保留左上角第一个单元格中的内容

　　C．合并后的单元格还可以取消合并

　　D．可单击"开始"选项卡下"字体"功能组的"合并后居中"按钮进行合并

4．在 Excel 2007 中，选定一行时，应单击（　　）。

　　A．列标　　　　　　　　　　B．"全选"按钮

　　C．行号　　　　　　　　　　D．单元格

5．在 Excel 2007 中，可将单元格变为活动单元格的操作是（　　）。

　　A．使用鼠标指针指向该单元格

　　B．单击该单元格

　　C．在当前单元格内输入该目标单元格的地址

　　D．不进行任何操作，因为每个单元格都是活动的

6．在 Excel 2007 中，正确选定多个连续行的步骤是（　　）。

　　① 按 Shift 键

　　② 单击起始行的行号

　　③ 单击最后一行的行号

　　A．①②③　　　　　　　　　B．③①②

　　C．③②①　　　　　　　　　D．②①③

7．在 Excel 2007 中，可以在选定列的（　　）插入列。

A．上方　　　　　B．下方　　　　　C．左侧　　　　　D．右侧

8．在 Excel 2007 中，可以在选定行的（　　）插入行。

A．上方　　　　　B．下方　　　　　C．左侧　　　　　D．右侧

9．在 Excel 2007 中，选定不相邻列时，应按（　　）键。

A．Ctrl　　　　　B．Shift　　　　　C．Alt　　　　　D．Enter

10．在 Excel 2007 中，若要更改列宽以适合内容，则应在鼠标指针指向列分隔线后进行（　　）。

A．单击　　　　　B．双击　　　　　C．拖曳　　　　　D．右击

三、填空题

1．在 Excel 2007 中，_____后，只保留左上角第一个单元格内的数据。

2．在 Excel 2007 中，选定单元格后单击鼠标右键，在弹出的快捷菜单中选择_____选项，可以将单元格内的数据删除。

3．在 Excel 2007 中，先选定 A2 单元格，按住 Shift 键，然后单击 C5 单元格，这时选定的单元格区域是_____。

4．在 Excel 2007 中，同时选定连续的单元格应按_____键，同时选定不连续的单元格应按_____键。

5．在 Excel 2007 中，要使数据跨越多列并且居中，可单击_____选项卡下_____功能组的"合并后居中"按钮。

6．在 Excel 2007 中，删除单元格时，默认_____。

7．在 Excel 2007 中，选定一列时，应_____列标。

8．在 Excel 2007 中，单元格内数据的对齐方式包括_____和垂直对齐两种方式。

9．在 Excel 2007 中，选定单元格后，按_____或_____键可以删除单元格内的数据。

10．在 Excel 2007 中，编辑状态下按_____组合键可以删除插入点到行末的内容。

任务二

一、判断题

1．在 Excel 2007 中，处理大型工作表时，可以用鼠标分割窗口。　　　　（　　）

2．在 Excel 2007 中，冻结首行的功能是在拖曳垂直滚动条时，让表格的第一行保持不动。

（　　）

3．在 Excel 2007 中，编辑栏内只能输入公式，不能输入数据。　　　　　　（　　　）

4．在 Excel 2007 中，若单击一个已有内容的单元格并输入一个字符后按 Enter 键，则这个新输入的字符完全取代原有内容。　　　　　　　　　　　　　　　　（　　　）

5．在 Excel 2007 中，假设当前活动单元格为 B2，若单击"冻结窗格"按钮，则冻结了 A 列和 B 列。　　　　　　　　　　　　　　　　　　　　　　　　　（　　　）

二、单项选择题

1．在 Excel 2007 中，关于冻结表格说法不正确的是（　　　）。
　　A．"冻结窗格"只是冻结数据的第一行
　　B．"冻结拆分窗格"可以保持设置的行和列位置不变
　　C．"冻结首行"可以保持首行位置不变
　　D．"冻结首列"可以保持首列的位置不变

2．在 Excel 2007 中，查找数据可使用（　　　）组合键。
　　A．Ctrl+P　　　　B．Ctrl+H　　　　C．Ctrl+F　　　　D．Ctrl+C

3．在 Excel 2007 中，可以使用（　　　）组合键进行复制操作。
　　A．Ctrl+A　　　　B．Ctrl+Z　　　　C．Ctrl+Y　　　　D．Ctrl+C

4．在 Excel 2007 中，要使工作表的标题保持不动，则需要使用（　　　）功能。
　　A．引用　　　　　B．定位　　　　　C．拆分　　　　　D．冻结

5．在 Excel 2007 中，使用"Ctrl+V"组合键可以实现（　　　）操作。
　　A．复制　　　　　B．粘贴　　　　　C．剪切　　　　　D．撤销

三、填空题

1．在 Excel 2007 中，单击"视图"选项卡，然后单击"窗口"功能组的"冻结窗格"按钮，在弹出的下拉菜单中选择_____选项，实现查看数据时首行位置始终保持不变。

2．在_____选项卡下的_____功能组中有"查找和选择"按钮。

3．在 Excel 2007 中，剪切的组合键是_____。

4．在 Excel 2007 中，使用拖曳的方法也可以复制数据，先选定要复制的单元格或单元格区域，然后按住_____键的同时拖曳单元格到目标位置释放鼠标即可，若不按住 Ctrl 键，则完成数据的_____操作。

5．在 Excel 2007 中，撤销上一次操作的组合键是_____。

任务三

一、判断题

1．在 Excel 2007 中，通过设置表格主题可以快速轻松地设置整个表格的样式，使其具有专业和时尚的外观。　　　　　　　　　　　　　　　　　　　　（　　　）

2．在 Excel 2007 中，同一工作表的所有单元格中文字的字体、大小都必须一致。
　　　　　　　　　　　　　　　　　　　　　　　　　　　　　　　（　　　）

3．在 Excel 2007 中，单元格的数据格式一旦设定，就无法再改变。　（　　　）

4．在 Excel 2007 中，系统默认网格线不打印。　　　　　　　　　　（　　　）

5．在 Excel 2007 中，单元格的内容被删除后，原有的格式仍然保留。（　　　）

6．在 Excel 2007 中，插入的图片不属于某一个单元格。　　　　　　（　　　）

7．在 Excel 2007 中，使用条件格式可以突出显示工作表内满足条件的数据。（　　　）

8．在 Excel 2007 中，单击"增大字号"按钮时，可使字号增加 2。　（　　　）

9．在 Excel 2007 中，单元格批注必须完整地显示出来，无法隐藏。（　　　）

10．在 Excel 2007 中，插入艺术字时，可单击"插入"选项卡下"插图"功能组的"艺术字"按钮。　　　　　　　　　　　　　　　　　　　　　　　　　　（　　　）

二、单项选择题

1．下列功能只在 Excel 2007 中有，而在 Excel 2003 中没有的是（　　　）。

　　A．艺术字　　　　B．SmartArt　　　　C．形状　　　　D．超链接

2．在 Excel 2007 中，打开设置单元格格式的组合键是（　　　）。

　　A．Ctrl+B　　　　B．Ctrl+L　　　　C．Ctrl+1　　　　D．Ctrl+M

3．在 Excel 2007 单元格内输入日期，默认的对齐方式是（　　　）。

　　A．左对齐　　　　B．右对齐　　　　C．居中对齐　　　　D．分散对齐

4．在 Excel 2007 中，若某单元格显示为若干个"#"号（如####…），则表示（　　　）。

　　A．公式错误　　　B．数据错误　　　C．行高不够　　　D．列宽不够

5．在 Excel 2007 单元格内输入逻辑值，默认的对齐方式是（　　　）。

　　A．左对齐　　　　B．右对齐　　　　C．居中对齐　　　　D．分散对齐

6．在 Excel 2007 中，要强调工作表内某些特定的值，可以使用（　　　）功能。

　　A．排序　　　　B．筛选　　　　C．分类汇总　　　　D．条件格式

7．在 Excel 2007 中，（　　）用于对单元格内容进行解释说明。

　　A．附注　　　　　B．说明　　　　　C．批注　　　　　D．注释

8．在 Excel 2007 单元格内输入时间，默认的对齐方式是（　　）。

　　A．左对齐　　　　B．右对齐　　　　C．居中对齐　　　D．分散对齐

9．在 Excel 2007 中，如果要在打印输出时打印出网格线，那么可以给某些单元格或单元格区域添加（　　）。

　　A．颜色　　　　　B．轮廓　　　　　C．边框　　　　　D．直线

10．在 Excel 2007 中，下列有关单元格的描述正确的是（　　）。

　　A．单元格的高度和宽度不能调整　　　B．同一列单元格的宽度不必相同

　　C．同一行单元格的高度必须相同　　　D．单元格不能有底纹

三、填空题

1．Excel 2007 中，套用表格格式中表样式的颜色方案主要有_____、_____和中等深浅三种。

2．在 Excel 2007 字体格式栏上，**B**，*I*，U 三个按钮分别代表_____、_____和_____标记。

3．在 Excel 2007 中，"套用表格样式"按钮在"开始"选项卡下的_____功能组内。

4．在 Excel 2007 中，表格主题由_____、_____和效果三部分构成。

5．在 Excel 2007 中，为单元格插入批注时，应先单击_____选项卡。

6．在 Excel 2007 中，要删除自动套用的格式，应先将已套用格式的表格转换为_____。

7．在 Excel 2007 中，要插入图片，可单击_____选项卡下"插图"功能组的"图片"按钮。

8．在 Excel 2007 中，如果给单元格设置小数位数为 2，那么输入 345 时则显示_____。

9．在 Excel 2007 中，将单元格定义为 000.00，输入 24.456，则显示的内容为_____。

10．在 Excel 2007 中，按"Ctrl+5"组合键可添加_____。

模块 7

计算和管理电子表格数据

任务一

一、判断题

1．在 Excel 2007 中，需要按照指定的位数对数值进行四舍五入时，应使用 ROUND 函数。
（　　）

2．在 Excel 2007 中，输入函数时，函数名区分大小写。（　　）

3．在 Excel 2007 中，SUM 函数用于计算单元格区域内所有数值的和，其参数必须是数值。（　　）

4．在 Excel 2007 中，复制单元格后，公式内的相对地址保持不变。（　　）

5．在 Excel 2007 中，已知 K6 单元格内的公式为"=F6*D4"，在第 3 行上面插入一行后，K7 单元格内的公式为"=F7*D5"。（　　）

6．在 Excel 2007 中，Right 函数用来截取文本数据左面的若干字符。（　　）

7．在 Excel 2007 中，如果公式内包含同级运算符，那么将从左向右依次进行计算。

（　　）

8．在 Excel 2007 中，&是文本运算符。　　　　　　　　　　　　　　　（　　）

9．在 Excel 2007 中，比较运算的结果是逻辑值 FALSE 或 TRUE。　　　（　　）

10．在 Excel 2007 中，共包括四类运算符，优先级别由高到低为：文本运算符→算术运算符→引用运算符→比较运算符。　　　　　　　　　　　　　　　（　　）

二、单项选择题

1．在 Excel 2007 中，使用公式时必须以（　　）开头。

A．=　　　　　　B．:　　　　　　　C．;　　　　　　　D．"

2．在 Excel 2007 的求和运算中，当操作数发生变化时，公式的运算结果（　　）。

A．会发生改变　　　　　　　　B．不会发生改变

C．与操作数没有关系　　　　　D．会显示出错信息

3．在 Excel 2007 中，计算工作表内多个单元格数值的最大值用（　　）函数。

A．AVERAGE　　B．SUM　　　　C．MAX　　　　D．COUNT

4．在 Excel 2007 中，（　　）表示引用了无效单元格。

A．######　　　　B．#REF!　　　　C．#DIV/0!　　　D．#NUM!

5．在 Excel 2007 中，计算单元格区域内空单元格数目的函数是（　　）

A．COUNT　　　B．COUNTA　　　C．COUNTBLANK　　D．COUNTIF

6．在 Excel 2007 中，A1 单元格输入函数"=SUM(SIGN(-5),5)"后的值是（　　）。

A．0　　　　　　B．4　　　　　　C．5　　　　　　D．10

7．在 Excel 2007 中，A1 单元格输入函数"=ABS(SUM(-2.38,1.38))/AVERAGE（1.56，-0.56）"后的值是（　　）。

A．-2　　　　　B．-1　　　　　C．1　　　　　　D．2

8．在 Excel 2007 单元格信息中，表示单元格宽度不够的是（　　）。

A．######　　　　B．#NUM!　　　　C．#DIV/O!　　　D．#VALUE!

9．在 Excel 2007 中，使用坐标D1 引用工作表 D 列第 1 行的单元格被称为单元格坐标的（　　）。

A．绝对引用　　B．相对引用　　　C．混合引用　　　D．交叉引用

10．在 Excel 2007 中，COUNTIFS 函数的含义是（　　）。

A．计算某个单元格区域中非空的单元格数目

B．计算某个单元格区域中满足一组条件的单元格数目

C．计算某个单元格区域中包含数字的单元格数目

D．计算某个单元格区域中满足给定条件的单元格数目

11．在 Excel 2007 中，对满足条件的单元格求和应使用（　　）函数。

A．IF　　　　　　B．COUNT　　　　　C．SUMIF　　　　D．SUM

12．在 Excel 2007 中，若在 Al 单元格内输入函数"= AVERAGE(4,8,12)/ ROUND(4.2, 0)"，按 Enter 键后，则 A1 单元格显示结果为（　　）。

A．2　　　　　　B．4　　　　　　C．6　　　　　　D．SUM

13．在 Excel 2007 中，下列运算符优先级最高的是（　　）。

A．:　　　　　　B．%　　　　　　C．&　　　　　　D．<>

14．在 Excel 2007 中，计算 B3:E6 单元格区域内数据最小值的函数是（　　）。

A．COUNT(B3: E6)　　　　　　B．MAX(B3: E6)

C．MIN(B3: E6)　　　　　　　D．SUM(B3: E6)

15．在 Excel 2007 中，在单元格内输入（　　）可以使该单元格显示 0.3。

A．6/20　　　　B．=6/20　　　　C．=6\20　　　　D．6\20

16．在 Excel 2007 中，在单元格内输入"=MAX(B2:B8)"，其作用是（　　）。

A．比较 B2 与 B8 单元格的大小　　　B．求 B2~B8 单元格之间的最大值

C．求 B2 与 B8 单元格的和　　　　　D．求 B2~B8 单元格之间的平均值

17．在 Excel 2007 中，假设 B1、B2、C1、C2 单元格内分别存放 1，2，6，9，那么 SUM(B1:C2)的值等于（　　）。

A．10　　　　　　B．18　　　　　　C．8　　　　　　D．15

18．若在 Excel 2007 中的某单元格内输入"=-5+6*7"，则按 Enter 键后此单元格显示结果为（　　）。

A．-77　　　　　B．77　　　　　　C．37　　　　　　D．-47

19．若在 Excel 2007 中的 A2 单元格内输入"=56>57"，则显示结果为（　　）。

A．56<57　　　　B．=56<57　　　　C．TRUE　　　　D．FALSE

20．在 Excel 2007 的同一工作簿中，Sheet1 工作表的 D3 单元格要引用 Sheet2 工作表的 F6 单元格内的数据，其引用表述为（　　）。

A．=F6　　　　B．=Sheet3！F6　　　C．=F6！Sheet3　　D．=Sheet3#F6

三、填空题

1．在 Excel 2007 中，单元格引用可以分为相对引用、＿＿＿＿＿＿和＿＿＿＿＿三种。

2．在 Excel 2007 中，A1 单元格内数据是"2021-05-10"，A2 单元格输入"=DAY(A1)"

后的值是_____ 。

3. 在 Excel 2007 中，A1 单元格内数据是 5.5，B1 单元格内数据是 3，C1 单元格输入"INT(A1*B1)"后的值是_____。

4. 在 Excel 2007 中，若在 B1 单元格内输入公式"=A$7"，将其复制到 F1 单元格后，公式变为_____。

5. 在 Excel 2007 中，A1 单元格内的数据是"2019-05-01"，A2 单元格输入"=YEAR(A1)"后的值是_____。

6. 在 Excel 2007 中，_____函数返回的是当前日期，是个可变的日期数据，没有参数。

7. 在 Excel 2007 中，在公式对应的单元格位置按 F4 键可以实现单元格的_____。例如："A2"为引用工作表 A 列第 2 行的单元格。

8. 在 Excel 2007 中，"公式"选项卡包含_____ 、_____ 、"定义的名称"和"计算"功能组。

9. 在 Excel 2007 中，函数"=FACT(4)"的值是_____ 。

10. 在 Excel 2007 中，若单元格 A1=1，A2=2，B1=A$1，用填充柄下拉填充 B2 单元格，则 B2 单元格显示的是_____ 。

任务二

一、判断题

1. 在 Excel 2007 中，如果要对数据进行分类汇总，那么必须先按分类字段进行排序。
（   ）

2. 在 Excel 2007 中，使用记录单删除的记录可以恢复。（   ）

3. 在 Excel 2007 中，一行数据称之为一个字段。（   ）

4. 在 Excel 2007 中，使用记录单可查看、新建、删除和查找符合条件的记录。（   ）

5. 在 Excel 2007 中，分类汇总的结果无法删除。（   ）

6. 在 Excel 2007 中，排序的依据只能是数值。（   ）

7. 在 Excel 2007 中，筛选是指将符合条件的数据显示出来，不符合条件的数据则被删除。
（   ）

8. 在 Excel 2007 中，升序排序时逻辑值 TRUE 排在 FALSE 的前面。（   ）

9. 在 Excel 2007 中，高级筛选适合复杂条件的筛选。（   ）

10. 在 Excel 2007 中，合并计算就是将多个相似格式的工作表或数据区域，按指定的方式进行自动匹配计算。（   ）

二、单项选择题

1．在 Excel 2007 中，有一个职工工资表，要对职工工资按照职称字段进行分类汇总，则在分类汇总前必须进行数据排序，所选择的关键字为（   ）。

    A．性别　　　　　B．职工号　　　　　C．工资　　　　　D．职称

2．在 Excel 2007 中，要显示出满足给定条件的数据，使用（   ）功能最合适。

    A．排序　　　　　B．筛选　　　　　C．分类汇总　　　　　D．有效数据

3．在 Excel 2007 中，当排序的字段出现相同值时，可以使用（   ）进行排序。

    A．主要关键字　　　B．次要关键字　　　C．第三关键字　　　D．非主要关键字

4．在 Excel 2007 中，"升序"是指将所选内容排序，使（   ）值位于列的顶端。

    A．平均　　　　　B．最小　　　　　C．最大　　　　　D．中间

5．使用 Excel 2007 的自定义序列功能建立新序列，在输入的新序列的各项之间要用（   ）加以分隔。

    A．全角分号　　　B．全角逗号　　　C．半角分号　　　D．半角逗号

6．在 Excel 2007 中，合并计算时，应单击（   ）选项卡下"数据工具"功能组的"合并计算"按钮。

    A．公式　　　　　B．数据　　　　　C．审阅　　　　　D．开始

7．在 Excel 2007 的快速访问工具栏中添加"记录单"按钮的方法是：单击"Office 按钮"，在打开的菜单中选择（   ）。

    A．准备　　　　　B．发布　　　　　C．发送　　　　　D．Excel 选项

8．在 Excel 2007 中，财务人员要将一年 12 个月的个人工资进行求和，计算每人的年工资，但 12 个月的数据分别在 12 张不同的工作表中，而且各表姓名的顺序是不同的，这时就可用（   ）中的求和，一次性地分别计算出每人的合计数。

    A．分类汇总　　　B．排序和筛选　　　C．合并计算　　　D．分级显示

9．若用 Excel 2007 创建一个职工工资表，要按照部门统计出实发工资的总和，则需要使用的功能是（   ）。

    A．数据筛选　　　B．合并计算　　　C．排序　　　　　D．分类汇总

10．在 Excel 2007 中，条件区域的位置可以是（   ）。

    A．数据区的下方　　　　　　　　B．数据区的右侧

    C．其他工作表中　　　　　　　　D．上下左右都可以，但至少隔开一行或一列

三、填空题

1．在 Excel 2007 中，有一个数据库工作表，内含班级、奖学金、成绩等项目，现要计算各班级发放奖学金总和，应先对班级进行_____，然后单击_____选项卡中的_____按钮。

2．在 Excel 2007 中，若存在一个数据库工作表，其中包含姓名、专业、奖学金、成绩等项目，现要求对相同专业的学生按奖学金从高到低进行排列，则要进行多个关键字段的排列，并且主关键字段是_____。

3．在 Excel 2007 中进行分类汇总的操作，首先按照_____进行排序，选定数据区域任意单元格，单击"数据"选项卡，在_____功能组中单击"分类汇总"按钮即可打开对话框进行设置。

4．在 Excel 2007 中，最常用的数据管理功能有_____、_____ 和分类汇总。

5．在 Excel 2007 中，高级筛选要求指定一个区域来存放筛选的条件，这个区域称为_____。

6．使用 Excel 2007 的数据筛选功能，可以在工作表中只显示出符合特定条件的某些数据行，不满足筛选条件的数据行将_____。

7．在 Excel 2007 中，筛选的方式包括_____、_____ 和高级筛选。

8．在 Excel 2007 中，排序的方式有_____、_____和自定义序列。

9．使用 Excel 2007 创建一个职工考勤表，若要按照部门统计出平均出勤天数，则需要使用的功能是_____。

10．在 Excel 2007 中，执行一次排序时最多能设置_____个关键字段。

模块 8

交互式数据分析与汇总

任务一

一、判断题

1. 在 Excel 2007 中，不能插入图表。　　　　　　　　　　　　　　　　（　　）

2. 在 Excel 2007 中，删除工作表中对图表有链接的数据时必须在图表中手动删除相应的数据点。　　　　　　　　　　　　　　　　　　　　　　　　　　　　　　（　　）

3. 在 Excel 2007 中，数据透视表必须与生成该表的有关数据处于同一张工作表上。

　　　　　　　　　　　　　　　　　　　　　　　　　　　　　　　　　（　　）

4. 在 Excel 2007 中，SmartArt 图形能够形象、直观地表示出数据变化的趋势。（　　）

5. 在 Excel 2007 中，图表的显著特点是当工作表内的数据变化时，图表也随之变化。

　　　　　　　　　　　　　　　　　　　　　　　　　　　　　　　　　（　　）

6. 在 Excel 2007 中，股价图经常用于显示股价波动，也用于科学数据。　　（　　）

7. 在 Excel 2007 中，默认的图表是二维的簇状柱形图。　　　　　　　　（　　）

8. 在 Excel 2007 中，当需要比较两组数据的最优组合时，气泡图最合适。 （   ）

9. 在 Excel 2007 中，图表共有 11 种基本类型。 （   ）

10. 在 Excel 2007 中，柱形图即条形图。 （   ）

二、单项选择题

1. 在 Excel 2007 中，（   ）比较适合用于按照相同间隔显示数据的趋势。

    A．折线图   B．饼图   C．柱形图   D．圆环图

2. 在 Excel 2007 中，图表是（   ）。

    A．根据工作表数据用画图工具绘制的 B．照片

    C．可以用画图工具进行编辑的   D．工作表中数值数据的图形表示

3. 在 Excel 2007 中，为了直观地比较各种产品的销售额，在插入图表时，宜选择（   ）。

    A．饼图   B．柱形图   C．雷达图   D．折线图

4. 在 Excel 2007 中，（   ）是指通过轴界定的区域，包括所有数据系列。

    A．标题   B．绘图区   C．图例   D．分类轴

5. 在 Excel 2007 中，不能添加趋势线的图表是（   ）。

    A．柱形图   B．散点图   C．股价图   D．饼图

6. 在 Excel 2007 中，对较大数据进行汇总分析时，常常会用到（   ）。

    A．图表   B．数据透视表   C．筛选   D．排序

7. 在 Excel 2007 中，关于数据透视表的数据源，下列说法正确的是（   ）。

    A．不允许设置多层表头   B．不允许出现合并单元格

    C．不允许有空行或空列   D．以上说法都正确

8. 在 Excel 2007 中，下列关于数据透视表的用途描述正确的是（   ）。

    A．可以对数值数据快速分类汇总，按照分类和子分类查看数据的不同汇总

    B．可以展开或折叠所关注的数据，快速查看摘要数据的明细信息

    C．可建立交叉表格（将行移到列或将列移动到行），以查看数据的不同汇总

    D．以上说法都正确

9. 在 Excel 2007 中，下列关于数据透视表显示形式的描述正确的是（   ）。

    A．可以以表格形式显示   B．可以以压缩形式显示

    C．可以以大纲形式显示   D．以上形式都可以

10. 在 Excel 2007 中，常用的图表类型有（   ）、饼图、折线图和面积图等。

    A．股价图   B．柱形图   C．曲面图   D．气泡图

三、填空题

1．在 Excel 2007 中，适合比较若干数据系列的聚合值的图表类型是_____。

2．在 Excel 2007 中，图表可以直观地展现表格内的数据。饼图和圆环图常用于描述总体与部分的比例关系，但_____只能表示一个数据系列，而_____可以表示多个数据系列。

3．在 Excel 2007 中，图表与原始数据间是相互_____ 的，因此改变原始数据后，图表中的数据将随之做出相应的变动。

4．在 Excel 2007 中，图表主要由标题、_____、_____、数值轴和绘图区等部分组成。

5．在 Excel 2007 中，创建完成的图表默认作为_____插入当前工作表，也可单独存放于新的工作表。

6．在 Excel 2007 中进行数据分析的时候，我们会根据分析的数据内容选择合适的_____进行数据可视化分析和展示。

7．在 Excel 2007 中，对较大数据进行汇总分析时，我们常常会用到_____。

8．在 Excel 2007 中，数据透视表是一种交互式的强大的_____和汇总工具。

9．在 Excel 2007 中，"数据透视表"按钮在_____ 选项卡下的"表"功能组内。

10．在 Excel 2007 中，"数据透视表工具"包含_____和_____两个选项卡。

任务二

一、判断题

1．在 Excel 2007 中，若一个数据清单需要打印多页，且每页有相同的标题，则可以在"页面设置"对话框中对其进行设置。　　　　　　　　　　　（　　）

2．在 Excel 2007 中，只能对整张工作表进行打印。　　　　　　　（　　）

3．在 Excel 2007 中，当显示模式为页面布局模式时，可以编辑页眉和页脚。（　　）

4．在 Excel 2007 的打印预览状态下，可以设置页边距。　　　　　（　　）

5．在 Excel 2007 中，可以只打印选定的区域。　　　　　　　　　（　　）

二、单项选择题

1．在 Excel 2007 中，系统默认的页面大小及纸张方向为（　　　）。

    A．A4 横向　　　　B．A4 纵向　　　　C．B4 纵向　　　　D．B4 横向

2．在 Excel 2007 中，要详细设置页面，应使用（　　）选项卡来实现。

    A．页面布局　　　B．页面大小　　　C．页面方向　　　D．页面设置

3．在 Excel 2007 的"打印内容"对话框中可以通过（　　）选项区域打印已经设置好的区域。

    A．打印份数　　　B．打印机　　　C．打印内容　　　D．打印范围

4．在 Excel 2007 中，下列有关页面设置的描述正确的是（　　）。

    A．只能设置左边距　　　　　　　　B．只能设置右边距

    C．只能设置上下边距　　　　　　　D．以上说法都不对

5．在 Excel 2007 中，设置页面背景时应使用（　　）选项卡。

    A．视图　　　　　B．数据　　　　　C．插入　　　　　D．页面布局

三、填空题

1．Excel 2007 中有多种快捷方式，按_____组合键可以显示"打印"对话框。

2．单击"页面设置"功能组的"纸张方向"按钮，出现的切换纸张的方向有_____和纵向两个选项。

3．"页眉"对话框的下方有三个文本框，它们分别对应页眉区的_____、_____、右三个区域，在这三个文本框中出现的文本将出现在页眉的相应区域。

4．在 Excel 2007 的"打印内容"对话框中，可以从_____选项区域选择要打印的页面或选择全部打印。

5．在 Excel 2007 中，打印预览的组合键是_____。

模块 9

PowerPoint 2007
的基本操作

任务一

一、判断题

1. 在 PowerPoint 2007 的快速访问工具栏中，单击"保存"按钮，屏幕上弹出的对话框是"保存"对话框。（　　）

2. 演示文稿中的每张幻灯片都可以添加备注内容。（　　）

3. 在 PowerPoint 2007 中，在幻灯片浏览视图模式下可以实现在其他视图中可实现的一切编辑功能。（　　）

4. PowerPoint 2007 在继承以前版本的强大功能基础上，仅仅调整了工作环境与视图方式。（　　）

5．PowerPoint 是微软（Microsoft）公司推出的 Office 办公软件家族中的重要一员，是目前最流行的一款专门用来制作演示文稿的系统软件。（　　）

6．在备注页视图下，仅显示演示文稿的文本内容，不显示图形、图像、图表等对象。（　　）

7．在 PowerPoint 2007 中，可以任意自定义快速访问工具栏。（　　）

8．幻灯片浏览视图是对幻灯片的操作最为方便的视图模式。（　　）

9．所有新建的 PowerPoint 2007 演示文稿都包含有示例幻灯片。（　　）

10．在 PowerPoint 2007 中，可将功能区隐藏起来。（　　）

二、单项选择题

1．PowerPoint 2007 可运行于（　　）操作系统下。

A．Office　　　B．DOS　　　C．Microsoft　　　D．Windows

2．绘制矩形时按（　　）键，绘制出的图形为正方形。

A．Shift　　　B．Ctrl　　　C．Delete　　　D．Alt

3．保存为 PowerPoint 2007 放映格式的扩展名为（　　）。

A．.ppt　　　B．.pptx　　　C．.ppsx　　　D．.htm

4．（　　）是演示文稿的核心。

A．版式　　　B．模板　　　C．母版　　　D．幻灯片

5．保存演示文稿后，不能直接退出 PowerPoint 2007 的操作是（　　）。

A．选择"Office 按钮"菜单中的"关闭"选项

B．单击"标题栏"上的"×"按钮

C．双击 PowerPoint 窗口的标题栏

D．按"Alt+F4"组合键

6．PowerPoint 2007 的视图包括（　　）。

A．普通视图、大纲视图、幻灯片浏览视图、讲义视图

B．幻灯片视图、幻灯片浏览视图、幻灯片放映视图、备注页视图

C．普通视图、幻灯片视图、幻灯片浏览视图、备注页视图

D．普通视图、幻灯片浏览视图、幻灯片放映视图、备注页视图

7．PowerPoint 是一个（　　）软件。

A．文字处理　　　B．表格处理　　　C．图形处理　　　D．演示文稿制作

8．在幻灯片浏览视图下，不能完成的操作是（　　）。

A．调整幻灯片位置　　　　　　B．删除幻灯片

C．编辑幻灯片内容　　　　　　　　D．复制幻灯片

　9．用于快速切换视图或调整工作区显示比例的是（　　　）。

　　A．视图栏　　　　B．菜单栏　　　　C．标题栏　　　　D．状态栏

　10．PowerPoint 2007 相较于以前版本的改进不包括（　　　）。

　　A．表格和图表增强功能　　　　　　B．新效果和改进效果

　　C．丰富的主题和快速样式　　　　　D．新增了备注页视图

三、填空题

　1．启动 PowerPoint 2007 的方法是_____桌面上的"Mircrosoft PowerPoint 2007"快捷图标。

　2．PowerPoint 2007 将菜单栏和工具栏进行了重新设计，按照面向任务的方式重新排列，相关的任务组织成一个_____。

　3．普通视图包括_____视图和_____视图。

　4．如果想以整页的方式查看和使用备注，那么应选择_____视图。

　5．在 PowerPoint 2007 中，功能区包括多个_____，并集成了系统的很多功能_____，能使用户快速找到完成某一任务所需的_____。

　6．在_____视图下，可以浏览整个演示文稿的整体效果。

　7．在 PowerPoint 2007 的_____幻灯片窗格下方可以看到备注窗格，在备注窗格内可以输入幻灯片的_____信息。

　8．使用 SmartArt 图形，可以非常直观地说明_____、_____、_____、循环关系等常见关系。

　9．在 PowerPoint 2007 中，单击"Office 按钮"菜单的_____按钮，在其对话框下可设置"开发工具"选项卡的显示及隐藏。

　10．幻灯片的编辑主要包括新建、_____、_____、_____幻灯片及调整幻灯片顺序等。

任务二

一、判断题

　1．打开一个演示文稿，可以根据现有内容新建演示文稿。　　　　　　（　　　）

　2．幻灯片放映视图可方便地对幻灯片进行移动、复制、删除等编辑操作。　（　　　）

　3．PDF 格式确保在联机查看或打印文件时能够完全保留原有的格式。　（　　　）

4．演示文稿放映过程中，要终止放映，可按空格键。　　　　　　　　　（　　）

5．较以前版本，PowerPoint 2007 编辑和使用表格变得更加容易。　　　（　　）

6．PowerPoint 2007 提供了多种创建新演示文稿的方法。　　　　　　　（　　）

7．在 PowerPoint 2007 中，快速访问工具栏默认状态下集成了"打开""撤销""新建"按钮。　　　　　　　　　　　　　　　　　　　　　　　　　　　　　（　　）

8．空演示文稿由带有布局格式的空白幻灯片组成。　　　　　　　　　　（　　）

9．创建新的幻灯片时出现的虚线框称为文本框。　　　　　　　　　　　（　　）

10．在 PowerPoint 2007 中，按 F5 键可从当前幻灯片放映。　　　　　　（　　）

二、单项选择题

1．按住（　　）键可以选择不连续的多张幻灯片。

　　A．Shift　　　　　　B．Ctrl　　　　　　C．Tab　　　　　　D．Alt

2．在 PowerPoint 2007 编辑过程中，插入新幻灯片的操作可以在（　　）下进行。

　　A．备注页视图　　　　　　　　　　B．普通视图

　　C．幻灯片母版视图　　　　　　　　D．幻灯片放映视图

3．在 PowerPoint 2007 中执行了新建幻灯片的操作，被插入的幻灯片将出现在（　　）。

　　A．当前幻灯片之前　　　　　　　　B．当前幻灯片之后

　　C．最前　　　　　　　　　　　　　D．最后

4．在 PowerPoint 2007 界面组件中，Word 2007 没有的界面组件为（　　）。

　　A．视图栏　　　B．状态栏　　　C．备注窗格　　　D．快速访问工具条

5．关闭 PowerPoint 时会提示"是否保存对演示文稿的更改"，单击"取消"按钮出现的结果是（　　）。

　　A．返回原文档　　　　　　　　　　B．关闭原文档

　　C．保存原文档　　　　　　　　　　D．取消原文档

6．下列关于 PowerPoint 2007 中创建新幻灯片的叙述，正确的是（　　）。

　　A．新幻灯片可以用多种方式创建

　　B．新幻灯片只能通过内容提示向导来创建

　　C．新幻灯片只能是空幻灯片

　　D．新幻灯片的输出类型固定不变

7．在 PowerPoint 2007 中，（　　），然后单击相应按钮，可将功能区最小化。

　　A．拖曳工具栏

　　B．转到"视图"选项卡

C．单击快速访问工具栏

D．单击"Office 按钮"

8．PowerPoint 2007 是（　　）公司的产品。

　　A．国际商业机器公司（IBM）　　　　B．微软（Microsoft）

　　C．金山（Kingsoft）　　　　　　　　D．联想（Lenovo）

9．PowerPoint 2007 文档的默认保存位置一般在（　　）。

　　A．桌面　　　　　B．我的文档　　　　C．我的电脑　　　　D．回收站

10．创建新的演示文稿时最常用的操作是新建（　　）。

　　A．现有内容　　　　　　　　　　　　B．已安装的模板

　　C．空白演示文稿　　　　　　　　　　D．打开已有的演示文稿

三、填空题

1．PowerPoint 2007 的视图栏可快速切换到不同_____或调整工作区显示比例。

2．按住 Ctrl 键分别选择每一张要删除的幻灯片，再按_____键可删除选中的幻灯片。

3．空演示文稿由带有布局格式的空白_____组成。

4．选择相连的多张幻灯片，首先单击起始编号的幻灯片，然后按住_____键不放，最后单击结束编号的幻灯片。

5．单击"幻灯片放映"选项卡的"从头开始"按钮或按_____键，可从头开始放映演示文稿。

6．对于新建的演示文稿或编辑完成的演示文稿，要及时_____，以免丢失内容。

7．每张幻灯片都是_____中既相互独立又相互联系的内容。

8．移动幻灯片一般在普通视图左侧窗格或幻灯片_____视图下进行操作。

9．在制作幻灯片时，按_____键可快速切换幻灯片放映模式查看制作效果，按_____键可返回先前的视图状态。

10．从当前幻灯片开始放映幻灯片的组合键是_____。

模块 10

演示文稿制作基础

任务一

一、判断题

1. 占位符是幻灯片中带有预置格式的虚线边框，每个占位符都有提示文字。　（　　）

2. 在 PowerPoint 2007 中设置文字格式时，可以根据需要把图片设置为项目符号。（　　）

3. 在 PowerPoin 2007 中，将一张幻灯片上的内容全部选定的组合键是 "Ctrl+A"。

（　　）

4. 在 PowerPoint 2007 中，要设置幻灯片的起始编号，可通过执行 "插入" 选项卡下的相关按钮来实现。　（　　）

5. 复制幻灯片有多种方法，其中一种是选定目标幻灯片后按住 Ctrl 键不放，拖曳鼠标指针到达预定位置后释放鼠标指针，此时预定位置上建立了一个复制的幻灯片。　（　　）

6. 占位符是一种带有虚线边缘的框，各种幻灯片版式中都有这种框。　（　　）

7. 在 PowerPoint 2007 中，当幻灯片应用了版式后，幻灯片中的文字也具有了预先定义的属性。   （   ）

8. 文本框分横排文本框和其他文本框两类。   （   ）

9. 艺术字是一种特殊的图形文字，只能被用来表现幻灯片的标题文字。   （   ）

10. 用户可以在幻灯片中没有占位符的地方直接输入文本。   （   ）

二、单项选择题

1. 幻灯片中占位符的作用是（   ）。

    A. 预定了位置   B. 预定了内容

    C. 预定了大小   D. 预定了格式

2. 在 PowerPoint 2007 中，不属于文本占位符的是（   ）。

    A. 标题   B. 副标题   C. 图表   D. 文本框

3. 在 PowerPoint 2007 中，选择幻灯片内的文本时，（   ）表示文本选择已经成功。

    A. 所选的文本闪烁显示   B. 所选幻灯片内的文本变成反白

    C. 文本字体发生明显改变   D. 状态栏中出现成功字样

4. 在文本框内输入文本内容，（   ）表示可添加文本。

    A. 状态栏出现"可输入"字样

    B. 主程序发出音乐提示

    C. 在文本框中出现一个闪烁的光标

    D. 文本框变成高亮度

5. 在 PowerPoint 2007 中，移动文本时，如果在两张幻灯片上移动会有什么结果？（   ）

    A. 操作系统进入死锁状态   B. 文本无法移动

    C. 文本移动正常   D. 文本会丢失

6. 在幻灯片视图窗格中，若状态栏中出现了"幻灯片 2/7"的文字，则表示（   ）。

    A. 共有 7 张幻灯片，目前只编辑了 2 张

    B. 共有 7 张幻灯片，目前显示的是第 2 张

    C. 共编辑了七分之二张的幻灯片

    D. 共有 9 张幻灯片，目前显示的是第 2 张

7. 无法设置项目符号和编号的是（   ）。

    A. 文本框   B. 标题占位符   C. 副标题占位符   D. 内容占位符

8. 在 PowerPoint 2007 中，设置文本的段落格式，下列选项不属于行距内容的是（   ）。

    A. 行距   B. 段前   C. 段中   D. 段后

9. 在 PowerPoint 2007 中，设置艺术字效果时，不属于效果选项的是（　　）。

    A．发光　　　　　　B．阴影　　　　　　C．三维旋转　　　　D．闪烁

10. 在 PowerPoint 2007 中，下列说法错误的是（　　）。

    A．标题占位符有预置格式　　　　　　B．文本框有预置格式

    C．艺术字有预置格式　　　　　　　　D．内容占位符有预置格式

三、填空题

1. 演示文稿的功能是向用户传达一些简单而重要的信息，主要是由＿＿＿＿＿和＿＿＿＿＿构成的。

2. 在幻灯片中使用＿＿＿＿＿通常是对＿＿＿＿＿的补充，使内容显示更加直观明了，同时也能够增加幻灯片的观赏性。

3. 文本的基本属性设置主要包括其＿＿＿＿＿和＿＿＿＿＿的设置。

4. 在 PowerPoint 2007 中，若要将选择的内容移动到另一处，则先要进行＿＿＿＿＿操作。

5. 对演示文稿中主题、＿＿＿＿＿问题的说明及阐述作用是其他对象不可替代的。

6. ＿＿＿＿＿是一种特殊的图形文字，常用于幻灯片的标题文字中。

7. 在 PowerPoint 2007 中，双击＿＿＿＿＿可将相同格式应用到文档的多个位置。

8. 在 PowerPoint 2007 中，若要选择幻灯片的所有对象，应按＿＿＿＿＿组合键。

9. 在 PowerPoint 2007 中，段落设置主要包括段落对齐、＿＿＿＿＿、＿＿＿＿＿等操作。

10. 一般来说，＿＿＿＿＿＿＿是指添加在段落前的符号，一般用于并列关系的段落；而＿＿＿＿＿＿＿是指添加在段落前的序列编号，使内容看起来更有条理性，有时也用来表示主次关系。

任务二

一、判断题

1. 在占位符内插入的图形对象保持了原来的大小并位于中央位置。　　　　　　（　　）

2. 在 PowerPoint 2007 中，可以直接在图片上添加文字。　　　　　　　　　（　　）

3. 在 PowerPoint 2007 中，可以对普通文字进行三维效果设置。　　　　　　（　　）

4. 当我们需要非标准样式的表格时，可以通过单击"绘制表格"按钮修改表格样式。

                               （　　）

5. 在 PowerPoint 2007 中，可以在占位符外插入图片，插入的图片在插入点之后显示。

                               （　　）

6. 使用 PowerPoint 2007 能制作出漂亮的电子相册。   （   ）

7. 使用 PowerPoint 2007 创建的图表，既可以设置图表的颜色，又可以设置图表中元素的其他属性。   （   ）

8. SmartArt 图形带有一定的图形样式和文本格式。   （   ）

9. 在 PowerPoint 2007 中，插入公式过程出现操作错误，可以使用"Ctrl+H"组合键来撤销。   （   ）

10. 在幻灯片中插入图片对象后，可以根据需要调整图片要显示的区域。   （   ）

二、单项选择题

1. 在 PowerPoint 2007 中，文本不可能转换为（   ）。

    A．图片   B．表格   C．SmartArt 图形   D．图形

2. 在 PowerPoint 2007 中，当新插入的形状部分遮挡住原来的对象时，下列说法不正确的是（   ）。

    A．可以调整形状的大小   B．可以调整形状的位置

    C．可以调整形状的叠放次序   D．可以调整形状的样式

3. 在 PowerPoint 2007 中插入一张图片的过程，正确的是（   ）。

    ① 选择幻灯片

    ② 选择想要插入的图片

    ③ 执行插入图片操作

    ④ 调整插入图片的大小、位置等

    A．①④②③   B．①③②④   C．③①②④   D．③②①④

4. 在 PowerPoint 2007 中，空白幻灯片不能直接插入（   ）。

    A．文本框   B．文字   C．艺术字   D．Word 表格

5. 在 PowerPoint 2007 中拖曳四角的句柄改变对象大小时，按 Shift 键时出现的结果是（   ）。

    A．以图形对象的中心为基点进行缩放

    B．按图形对象的比例改变图形的大小

    C．图形对象的高度发生变化

    D．图形对象的宽度发生变化

6. 在 PowerPoint 2007 中也可以完成统计、计算等功能，这是通过插入（   ）来实现的。

    A．空白表格   B．Excel 表格   C．绘制表格   D．Smart 图形

7. 下列选项中，（　　）不属于"插图"功能组。

    A. 图片　　　　　　B. 剪贴画　　　　　　C. 表格　　　　　　D. SmartArt 图形

8. SmartArt 图形不包含（　　）。

    A. 图表　　　　　　B. 流程图　　　　　　C. 循环图　　　　　　D. 层次结构图

9. 编辑 SmartArt 图形时不能更改其（　　）。

    A. 形状　　　　　　B. 种类　　　　　　C. 样式　　　　　　D. 布局

10. 在 PowerPoint 2007 中，关于在幻灯片中插入图表的说法错误的是（　　）。

    A. 可以直接通过复制操作将图表插入幻灯片中

    B. 可以单击"插图"功能组中的"图表"按钮插入图表

    C. 可以通过绘制的方法插入图表

    D. 可以单击幻灯片中的图表占位符插入图表

三、填空题

1. 在占位符外插入的图形对象保持了其原来的大小并位于幻灯片的＿＿＿＿＿＿位置。

2. 在空内容占位符内插入图形对象的大小不超过占位符的＿＿＿＿＿＿。

3. PowerPoint 2007 中的图形对象有＿＿＿＿＿＿、剪贴画、相册、形状和图表等。

4. 在 PowerPoint 2007 绘制形状时，按住＿＿＿＿键可绘制出如正方形、圆、正多边形等。

5. 在 PowerPoint 2007 中，＿＿＿＿＿＿包括列表、流程、循环、层次结构、关系等，可以直观地说明层级、附属、并列、循环等各种常见关系。

6. 在幻灯片中常用＿＿＿＿＿＿直观地展示统计信息属性，常用的有柱形图、折线图、饼图等。

7. 在 PowerPoint 2007 中，插入公式的方法是单击"插入"选项卡，在"文本"功能组中单击＿＿＿＿＿＿按钮，在打开的"插入对象"对话框中选择＿＿＿＿＿＿公式编辑器，在公式编辑器中进行公式编辑。

8. 在幻灯片中插入图片后，既可以对图片进行亮度、＿＿＿＿＿＿和重新着色的设置，又可以压缩图片、更改图片，如果对图片的设置不满意，那么还可以选择重设图片，恢复图片至原始插入时的状态。

9. 插入 SmartArt 图形后，可对其进行＿＿＿＿＿＿、更改形状、重设＿＿＿＿＿＿、更改样式等操作。

10. 制作不规则表格时，首先插入要求行、列的表格，再进行合并单元格、拆分单元格的操作，也可以通过＿＿＿＿＿＿按钮来制作。

模块 11

美化演示文稿

任务一

一、判断题

1．PowerPoint 2007 提供了 40 多种内置的主题字体。 （　　）

2．在 PowerPoint 2007 中，可以修改插入幻灯片的图片对比度、亮度。 （　　）

3．一个演示文稿中只能有一张应用标题母版的幻灯片。 （　　）

4．在幻灯片母版中做出更改，PowerPoint 2007 将自动更新和应用到已有的幻灯片及新建的幻灯片上。 （　　）

5．在 PowerPoint 2007 中，用户修改了主题以后，可以保存为新的主题。 （　　）

6．在 PowerPoint 2007 中，幻灯片版式采用同样的母版风格。 （　　）

7．在 PowerPoint 2007 中，自动版式提供的正文文本往往带有项目符号，并以列表的形式出现。 （　　）

8．在 PowerPoint 2007 中，可以设置幻灯片自动更新日期。 （　　）

9．在 PowerPoint 2007 中，可以为某几张幻灯片设置背景格式。　　　　　　（　　）

10．在 PowerPoint 2007 中，备注、讲义母版都是用来设置打印输出的。　　　（　　）

二、单项选择题

1．下列选项中，（　　）不是控制幻灯片外观一致的方法。

　　A．母版　　　　　　　B．背景　　　　　　　C．主题　　　　　　　D．放映

2．下列选项中，（　　）是无法打印出来的。

　　A．幻灯片中的图片　　　　　　　　B．幻灯片中的文字

　　C．幻灯片的动画　　　　　　　　　D．母版上设置的标志

3．幻灯片的主题不包括（　　）。

　　A．主题动画　　　　　　　　　　　B．主题颜色

　　C．主题字体　　　　　　　　　　　D．主题效果

4．幻灯片母版存储的信息不包括（　　）。

　　A．文本内容　　　　　　　　　　　B．文本的颜色、效果和动画

　　C．文本和对象占位符的大小　　　　D．文本和对象在幻灯片上的位置

5．改变演示文稿外观可以通过（　　）来实现。

　　A．修改主题　　　　　　　　　　　B．修改背景样式

　　C．修改母板　　　　　　　　　　　D．以上三种都可以

6．为图片添加"发光"效果时，应（　　）。

　　A．在"绘图"功能组中改变"图片效果"

　　B．在"形状样式"功能组中改变"图片效果"

　　C．在"背景样式"功能组中改变"图片效果"

　　D．在"图片样式"功能组中改变"图片效果"

7．在幻灯片母版中插入的对象，只能在（　　）中修改。

　　A．主题词　　　　　　　　　　　　B．幻灯片母版

　　C．样式　　　　　　　　　　　　　D．模板

8．母版不包括（　　）。

　　A．幻灯片母版　　　　　　　　　　B．标题母版

　　C．讲义母版　　　　　　　　　　　D．备注母版

9．幻灯片的美化不能通过（　　）完成。

　　A．文字格式化　　　　　　　　　　B．段落格式化

　　C．对象格式化　　　　　　　　　　D．磁盘格式化

10. 如果想让 logo 出现在每个幻灯片中，那么可以把该 logo 加入（　　　）中。

    A．讲义母版　　　　　　　　　　B．标题母版

    C．幻灯片母版　　　　　　　　　　D．备注母版

三、填空题

1. 在制作幻灯片时，用户可以使用 PowerPoint 提供的＿＿＿＿和＿＿＿＿功能，为每张幻灯片添加相对固定的信息，如在幻灯片的页脚处添加页码、时间、公司名称等内容。

2. 幻灯片母版可以调整＿＿＿＿幻灯片的版式效果。

3. PowerPoint 2007 包含三种母版版式，它们是＿＿＿＿、＿＿＿＿和＿＿＿＿。

4. 对插入的图形进行＿＿＿＿＿＿＿设置，可减小演示文稿文件的大小。

5. 在 PowerPoint 2007 中，可以通过幻灯片中显示的网格线或标尺来＿＿＿＿和＿＿＿＿多个对象之间的相对大小和位置。

6. 主题是＿＿＿＿、＿＿＿＿和＿＿＿＿三者的组合，是设置演示文稿专业外观的一种简单而快捷的方式。

7. PowerPoint 2007 提供了大量的模板，包括母版、＿＿＿＿、＿＿＿＿等内容。

8. 主题效果是＿＿＿＿和填充效果的组合。

9. 改变主题字体，就会更改幻灯片中的所有＿＿＿＿和＿＿＿＿的字体。

10. 使用 PowerPoint 创建的演示文稿都带有默认的版式，这些版式决定了占位符在幻灯片中的＿＿＿＿和＿＿＿＿。

任务二

一、判断题

1. 在 PowerPoint 2007 中，插入的视频可选择窗口播放、循环播放和跨幻灯片播放。

                         （　　　）

2. 在 PowerPoint 2007 中，可以对插入的声音进行剪辑处理。　　　（　　　）

3. 在 PowerPoint 2007 中，插入的声音文件图标放映时可隐藏。　　　（　　　）

4. 在 PowerPoint 2007 中，可以保存插入在幻灯片中的声音、视频文件。（　　　）

5. 在 PowerPoint 2007 中，可以将插入幻灯片中的声音图标更改为图片。（　　　）

6. 在 PowerPoint 2007 中，可以在幻灯片中插入录制的声音。　　　（　　　）

7. 在 PowerPoint 2007 中，可以在幻灯片中为视频文件图标设置快速样式。（　　　）

8. 在 PowerPoint 2007 中，可以在幻灯片中直接插入 Flash 动画。　　　（　　　）

9. 在 PowerPoint 2007 中，可以在幻灯片中插入剪辑管理器内的声音。 （ ）

10. 在 PowerPoint 2007 中，可以对幻灯片中插入的视频进行裁剪，只播放部分区域视频。

（ ）

二、单项选择题

1. 在 PowerPoint 2007 中，通过（ ）的方式来插入歌曲文件。

   A. 插入控件　　　　B. 插入影片　　　　C. 插入声音　　　　D. 插入图表

2. 在 PowerPoint 2007 中，下列说法错误的是（ ）。

   A. 可以插入 WAV 格式的文件　　　　B. 可以插入 DPO 格式的文件

   C. 可以插入 MP4 格式的文件　　　　D. 可以插入 SWF 格式的文件

3. 在 PowerPoint 2007 中，下列说法错误的是（ ）。

   A. 可以为文本设置动画　　　　　　B. 可以为背景图片设置动画

   C. 可以为插入的声音设置动画　　　D. 可以为插入的视频设置动画

4. 在 PowerPoint 2007 中，下列说法正确的是（ ）。

   A. 播放的影片文件，只能在播放完毕后才能停止

   B. 插入的视频文件在幻灯片浏览视图中不能播放

   C. 在演示文稿放映过程中，才能看到影片效果

   D. 放映演示文稿时，可以单击影片开始播放，再次单击则暂停播放

5. 在幻灯片中插入视频后，无法改变的是（ ）。

   A. 形状　　　　　　B. 边框　　　　　　C. 效果　　　　　　D. 内容

6. 播放幻灯片中的视频，不能设置的是（ ）。

   A. 循环播放　　　　B. 自动播放　　　　C. 全屏播放　　　　D. 手动播放

7. 在 PowerPoint 2007 中，绘制正八边形可以使用插入（ ）。

   A. 图片　　　　　　B. 剪贴画　　　　　C. 形状　　　　　　D. 艺术字

8. 在演示文稿中插入声音，说法错误的是（ ）。

   A. 插入文档中的声音　　　　　　　B. 插入录制的声音

   C. 插入 CD 乐曲　　　　　　　　　D. 插入媒体的声音

9. 在 PowerPoint 2007 中，插入的 Flash 动画属于（ ）。

   A. 图片　　　　　　B. 视频　　　　　　C. 形状　　　　　　D. 声音

10. 在 PowerPoint 2007 中，无法对插入的视频进行设置的是（ ）。

    A. 大小　　　　　　B. 段落　　　　　　C. 样式　　　　　　D. 位置

三、填空题

1．在 PowerPoint 2007 中，可以在幻灯片中插入＿＿＿＿和＿＿＿＿等多媒体对象，使演示文稿从画面到声音，多方位地向观众传递信息。

2．在幻灯片中播放影片可以选择＿＿＿＿、＿＿＿＿或跨幻灯片播放。

3．除了在幻灯片中插入声音和影片，还可以插入 SWF 格式的＿＿＿＿，该类型的动画具有小巧灵活的优点。

4．在 PowerPoint 2007 中插入 Flash 动画，需要先在计算机中安装＿＿＿＿软件。

5．在 PowerPoint 2007 中插入一个声音后，系统会自动创建一个声音图标，这个图标是＿＿＿＿形状。

6．一般情况下，在智能手机上可以观看 PowerPoint 2007＿＿＿＿。

7．在 PowerPoint 2007 中，幻灯片放映音量可设置为＿＿＿＿、＿＿＿＿、高、静音。

8．插入影片时在演示文稿窗口界面增加了＿＿＿＿、＿＿＿＿两个选项卡。

9．插入声音时在演示文稿窗口界面增加了＿＿＿＿、＿＿＿＿两个选项卡。

10．在幻灯片中播放影片时可选择窗口播放和＿＿＿＿。

任务三

一、判断题

1．在"自定义动画"的设置中，可调整动画的播放顺序。　　　　　（　　）

2．设置动画效果：一种是标准动画效果，另一种是非标准动画效果。（　　）

3．在 PowerPoint 2007 中，可以为母版对象设置动画效果。　　　（　　）

4．在 PowerPoint 2007 中，可以将所有幻灯片放映时的切换效果设置为"随时"。（　　）

5．"进入动画"是为了突出幻灯片中的某部分内容而设置的特殊动画效果。（　　）

6．PowerPoint 2007 中的动作路径动画可以指定对象沿预定的路径运动。（　　）

7．在 PowerPoint 2007 中，自定义动画是用户常用的动画设置方法。（　　）

8．动画开始设置包括：手动、单击时、上一动画之前。　　　　（　　）

9．PowerPoint 2007 中的动作路径动画提供了大量默认路径效果。（　　）

10．在标准动画中，图形对象的动画效果只有淡出和飞入两种。（　　）

二、单项选择题

1．如果要在某一张幻灯片中设置不同对象的动画效果，那么应使用（   ）功能。

    A．自定义动画   B．幻灯片切换

    C．动作设置   D．自定义放映

2．"动作设置"对话框下的"鼠标移过"选项卡下没有（   ）设置项。

    A．超链接到   B．播放动画   C．播放声音   D．无动作

3．在 PowerPoint 2007 中，下列有关幻灯片页眉、页脚的说法错误的是（   ）。

    A．"页眉或页脚"是演示文稿中的附加内容

    B．典型的"页眉和页脚"内容是"日期和时间"及"幻灯片编号"

    C．在打印演示文稿的幻灯片时，"页眉和页脚"的内容也可以打印出来

    D．可设置为标题幻灯片中不显示页眉和页脚

4．"自定义动画"的"效果选项"对话框中的"动画文本"有几种方式？（   ）

    A．整批发送、按字、按词   B．整批发送、按字/词、按字母

    C．整批发送、按字、按字母   D．整批发送、按词、按字母

5．在 PowerPoint 2007 中设置换页效果为垂直百叶窗，应使用（   ）功能。

    A．动作   B．预设动画

    C．幻灯片切换   D．自定义动画

6．PowerPoint 2007 中可以通过（   ）的方式插入 Flash 动画。

    A．插入控件   B．插入影片

    C．插入声音   D．插入图表

7．在 PowerPoint 2007 中插入页脚，下列说法正确的是（   ）。

    A．不能进行文字格式设置   B．每一页幻灯片上都必须显示

    C．其中的内容不能是图片   D．插入的日期和时间可以更新

8．在 PowerPoint 2007 中，"自定义动画"效果包含（   ）。

    A．时间控制   B．背景转换

    C．图表动画   D．动作路径

9．在 PowerPoint 2007 中，下列说法正确的是（   ）。

    A．可以将演示文稿中选定的信息链接到其他演示文稿幻灯片中的任何对象

    B．可以对幻灯片中的对象设置播放动画的时间顺序

    C．PowerPoint 2007 演示文稿的默认扩展名为".ppsx"

    D．在一个演示文稿中能同时使用不同的模板

10．幻灯片已经设置了动画，但没有动画效果，是因为（　　　）。

　　A．没有切换到普通视图

　　B．没有切换到幻灯片浏览视图

　　C．没有设置幻灯片切换

　　D．没有切换到幻灯片放映视图

三、填空题

1．在"自定义动画"窗格中有四种类型的效果可供添加，它们是_____、_____、_____和动作路径。

2．_____是指在放映演示文稿的过程中，从一张幻灯片过渡到下一张幻灯片的动画效果。

3．PowerPoint 2007 提供了两种设置动画效果的方式，一种是_____效果，另一种是_____效果。

4．在_____视图中，可以方便地为各幻灯片添加切换效果。

5．_____动画可以使指定对象沿预定的路径运动。

6．通过_____的设置可以在幻灯片中控制内容出现的先后顺序。

7．在标准动画效果中，主要有_____、_____、_____三种文本对象动画效果。

8．在 PowerPoint 2007 中，可以设置动画速度为非常慢、_____、_____、快速和_____。

9．在标准动画效果中，每种动画效果有两种情况：_____和_____。

10．在 PowerPoint 2007 中，选择_____选项，再单击"全部应用"按钮，即可删除演示文稿中所有幻灯片的切换效果。

模块 12

放映演示文稿

任务一

一、判断题

1. 在幻灯片放映过程中单击或按 Enter 键即可显示下一张幻灯片。 （　）

2. 演示文稿中幻灯片之间不能相互链接。 （　）

3. 幻灯片中既可以包含常用的文字和图形，又可以包含声音和视频等文件。 （　）

4. 观众自行放映是最常用的放映方式，以全屏方式放映。 （　）

5. 使用 PowerPoint 2007 可以制作出交互式幻灯片。 （　）

6. 在 PowerPoint 2007 中，如果不想放映哪几张幻灯片，那么只能隐藏它们。 （　）

7. PowerPoint 2007 允许在演示文稿中添加超链接，但只能实现本文件中各幻灯片之间的链接。 （　）

8. 演示文稿只能使用计算机查看和播放。 （　）

9. 演示文稿在放映时能对各个对象及内容设置自动放映。 （　）

10. 演示文稿在放映时能对时间进行控制。　　　　　　　　　　　　（　　）

二、单项选择题

1. 自定义放映的作用是（　　）。

　　A. 让幻灯片自动放映

　　B. 让幻灯片人工放映

　　C. 让幻灯片按照预先设置的顺序放映

　　D. 以上都不可以

2. 排练计时的作用是（　　）。

　　A. 让演示文稿自动放映

　　B. 让演示文稿人工放映

　　C. 让幻灯片按照预先设置的时间放映

　　D. 以上都不可以

3. 设置幻灯片放映时间的步骤是（　　）。

　　A. 单击"幻灯片放映"→"设置放映方式"按钮

　　B. 单击"幻灯片放映"→"动作"按钮

　　C. 单击"幻灯片放映"→"排练计时"按钮

　　D. 单击"幻灯片放映"→"幻灯片切换"按钮

4. 在幻灯片放映中，下面表述正确的是（　　）。

　　A. 幻灯片的放映必须是从头到尾全部放映

　　B. 循环放映是对某张幻灯片循环放映

　　C. 幻灯片放映必须要有大屏幕投影仪

　　D. 在幻灯片放映前可根据不同的需求，选择演讲者放映、观众自行放映或在展台浏览其中的一种放映类型

5. 在 PowerPoint 2007 中，关于超链接的描述错误的是（　　）。

　　A. 单击"插入"选项卡下的"超链接"按钮可以创建超链接

　　B. 按"Ctrl+K"组合键可以创建超链接

　　C. 超链接使用户可以从演示文稿中的某个位置跳转到另一个位置

　　D. 创建超链接时，不能使用 URL 地址

6. 在 PowerPoint 2007 中，插入超链接中所链接的目标不能是（　　）。

　　A. 同一演示文稿中的某一张幻灯片

　　B. 另一个演示文稿

C．某一个网络地址

D．幻灯片中的某个对象

7．在 PowerPoint 2007 中，观看幻灯片放映效果的步骤是（　　　）。

A．单击"幻灯片放映"→"动作"按钮

B．单击"幻灯片放映"→"动画设置"按钮

C．单击"幻灯片放映"→"从头开始放映"按钮

D．单击"幻灯片放映"→"设置放映方式"按钮

8．在 PowerPoint 2007 中，不属于放映类型的是（　　　）。

A．观众自行浏览　　　　　　　　B．演讲者放映

C．在展台浏览　　　　　　　　　D．露天放映

9．在 PowerPoint 2007 中，若要从第二张幻灯片跳转到第十张幻灯片，可在第二张幻灯片上设置（　　　）。

A．"动作"按钮　　　　　　　　B．预设动画

C．幻灯片切换　　　　　　　　　D．自定义动画

10．在 PowerPoint 2007 中，要实现幻灯片之间的任意切换，除了使用超链接，还可以使用（　　　）。

A．鼠标选取　　　B．"动作"按钮　　　C．"放映"按钮　　　D．滚动条

三、填空题

1．在"设置放映方式"对话框中，有三种放映类型，分别为_____、_____、_____。

2．使用 PowerPoint 2007 放映演示文稿要通过_____或_____屏幕等展现出来。

3．演讲者放映是最常用的放映方式，演讲者可以采用_____或_____方式进行放映，也可以直接切换到演示文稿中任意一张幻灯片放映。

4．使用 PowerPoint 2007 的"隐藏幻灯片"功能，可在放映时不显示_____了的幻灯片。

5．设置放映时间有两种方式：_____和_____。

6．如果用户对人工设定的放映时间不满意或没有把握，那么可以在排练幻灯片的过程中自动记录每张幻灯片的_____。

7．_____是指用户可以根据需要选择放映演示文稿中的某些幻灯片，使一个演示文稿适用于多种观众，以便为特定的观众放映演示文稿中的特定部分。

8．当放映幻灯片时，将鼠标指针移动到设置了超链接的对象上，鼠标指针会变成

_____，单击即可切换到演示文稿中指定的幻灯片或者执行指定的_____。

9．有时演示者不能参加演示文稿的放映或需要自动放映演示文稿，这时可以使用_____的功能。

10．_____的放映方式是以全屏的方式自动放映，适合展览会场或会议等，它需要事先为幻灯片的所有动画设置好放映时间。

任务二

一、判断题

1．在 PowerPoint 2007 中，演示文稿的打包所使用到的菜单是"文件"菜单。　（　　）

2．演示文稿不能使用打印机打印出来。　（　　）

3．在 PowerPoint 2007 中，一张幻灯片就是一个演示文稿。　（　　）

4．在 PowerPoint 2007 中，可以将制作好的演示文稿打印出来。　（　　）

5．演示文稿打包解压后不能在没有安装 PowerPoint 的操作系统中放映。　（　　）

6．在 PowerPoint 2007 中，如果不想放映哪几张幻灯片，那么只能删除它们。　（　　）

7．"PowerPoint 97-2003 演示文稿"格式（PPT 格式）：主要是为了兼容以前版本的 PowerPoint 软件。　（　　）

8．在 PowerPoint 2007 中提供了将演示文稿打包成 CD 的功能。　（　　）

9．PowerPoint 2007 支持将演示文稿中的幻灯片输出为 PPSX 格式的文件。　（　　）

10．PowerPoint 2007 中，可以定义幻灯片大小为"35 毫米幻灯片"。　（　　）

二、单项选择题

1．在 PowerPoint 2007 中打印讲义，下列最确切的步骤是（　　）。

　　A．单击"Office 按钮"→"打印"选项

　　B．单击"文件"→"打印预览"选项

　　C．单击"Office 按钮"→"打印"→"打印内容"设置为"讲义"

　　D．单击"文件"→"打印"选项

2．在 PowerPoint 2007 中，需要打印当前幻灯片，步骤为（　　）。

　　A．单击"文件"→"打印范围"→"全部"单选按钮

　　B．单击"Office 按钮"→"打印"→"打印范围"→"选定幻灯片"单选按钮

　　C．单击"Office 按钮"→"打印"→"打印范围"→"当前幻灯片"单选按钮

　　D．以上都不可以

3．打包后的演示文稿放映条件为（　　）。

    A．可以在任意操作系统中放映

    B．可以在 Windows 操作系统中放映，但是必须要安装 PowerPoint

    C．可以在 Windows 操作系统中放映，但是可以不安装 PowerPoint

    D．不可以在 Windows 操作系统中放映

4．打印演示文稿，打印内容不包括（　　）。

    A．声音　　　　　　B．文本　　　　　　C．图片　　　　　　D．表格

5．下面对幻灯片的打印描述中，正确的是（　　）。

    A．必须从第一张幻灯片开始打印

    B．不仅可以打印幻灯片，还可以打印讲义和大纲

    C．必须打印所有幻灯片

    D．幻灯片只能打印在纸上

6．在放映幻灯片时，如果要切换到下一张幻灯片，那么下列操作不能实现的是（　　）。

    A．按空格键　　　　　　　　　　B．按 Enter 键

    C．按 Shift 键　　　　　　　　　　D．单击

7．在幻灯片放映过程中，右击弹出的控制幻灯片放映的菜单不包含以下哪项？（　　）

    A．上一张：跳至当前幻灯片的前一张

    B．下一张：跳至当前幻灯片的后一张

    C．编辑：可以在放映时，对幻灯片的内容进行编辑

    D．定位至幻灯片：跳转至演示文稿的任意页

8．打印演示文稿时，若在"打印内容"下拉列表中选择"讲义"选项，则每页打印纸上最多能输出（　　）张幻灯片。

    A．2　　　　　　B．4　　　　　　C．6　　　　　　D．9

9．在演示文稿的"打印"对话框中，"打印内容"下拉列表中不包括（　　）。

    A．演示文稿　　　B．讲义　　　　　C．备注页　　　　　D．幻灯片

10．用户可以将演示文稿输出为多种格式，以满足用户多用途的需要。下列选项不属于 PowerPoint 2007 输出格式的是（　　）。

    A．PPSX 格式　　　　　　　　　　B．MPEG 格式

    C．PDF 或 XPS 格式　　　　　　　D．JPEG 格式

三、填空题

1．将演示文稿＿＿＿＿＿＿后，可以在没有安装 PowerPoint 的计算机上用其他播放器进行

播放。

2．在放映演示文稿时，若要中途退出播放状态，则应按_____键。

3．在打印演示文稿前，可以使用_____功能先_____一下打印的效果。

4．PDF 或 XPS 格式的文件都是电子文件格式，结构稳定，特别适合用来_____和_____。

5．在 PowerPoint 2007 中打印幻灯片的范围是_____、选定幻灯片、_____和自定义放映的幻灯片及输入了幻灯片编号或范围的幻灯片。

6．不做更改，直接将演示文稿发送到默认打印机的打印称为_____。

7．幻灯片页眉和页脚默认包含的内容有_____、幻灯片编号和页脚。

8．使用暴风影音_____演示文稿，需要将演示文稿进行打包处理。

9．在 PowerPoint 2007 "页面设置"对话框中可以对幻灯片输入的纸张大小、幻灯片编号和_____进行设置。

10．在播放演示文稿时，按_____键可以从头开始播放，按_____组合键可以从当前幻灯片开始播放。

参考答案

模块1 Word 2007 的基本操作

任务一

一、判断题

题号	1	2	3	4	5	6	7	8	9	10
答案	×	√	√	×	√	√	√	×	√	×

二、单项选择题

题号	1	2	3	4	5	6	7	8	9	10
答案	A	A	D	C	A	C	D	C	B	B

三、填空题

1．开始→所有程序→Microsoft Office→Microsoft Office Word 2007　　双击桌面上的"Microsoft Office Word 2007"快捷图标　　双击已保存的 Word 文档

2．17

3．F1

4．最小化、向下还原、关闭

5．页面视图

6．页面视图　阅读版式视图　大纲视图　普通视图

7．阅读版式视图　大纲视图　Web 版式视图　普通视图

8．撤销　恢复/重复

9．Office　Word　高级

10．Pageup 或 PgUp　Pagedown 或 PgDn　Ctrl+Pageup 或 PgUp　Ctrl+ Pagedown 或 PgDn

任务二

一、判断题

题号	1	2	3	4	5	6	7	8	9	10
答案	×	√	×	√	√	×	√	×	√	√

二、单项选择题

题号	1	2	3	4	5	6	7	8	9	10
答案	A	C	D	B	C	C	B	C	B	A

三、填空题

1．Ctrl+F4 或 Ctrl+W

2．新建文档　　打开文档

3．Ctrl+S　　另存为

4．文档1

5．打印

6．Office 按钮　　打印预览

7．另存为　　工具　　常规

8．当前页

9．F12　　Ctrl+F2

10．页边距　　纸张方向　　纸张大小

任务三

一、判断题

题号	1	2	3	4	5	6	7	8	9	10
答案	×	×	√	√	√	×	√	×	×	×

二、单项选择题

题号	1	2	3	4	5	6	7	8	9	10
答案	B	B	C	A	D	A	D	B	B	D

三、填空题

1．全选　　Ctrl+C

2．替换

3．.docx　　.dotx

4．Ctrl+V

5．Ctrl+F　　查找和替换

6．*　　?

7．全半角切换

8．Alt

9．Delete 或 Del　　Backspace　　删除插入点后面的词　　删除插入点前面的词

10．Home　　End　　Ctrl+Home　　Ctrl+End

模块2　设置文档格式

任务一

一、判断题

题号	1	2	3	4	5	6	7	8	9	10
答案	√	×	×	×	×	√	×	√	×	×

二、单项选择题

题号	1	2	3	4	5	6	7	8	9	10
答案	C	A	A	B	A	C	B	D	D	A

三、填空题

1．楷体　　黑体　　仿宋体　　新宋体

2．五号

3．字体　　字符间距

4．72　　5　　5　　42

5．开始　　字体　　清除格式

6．加粗　　Ctrl+I　　Ctrl+=

7．偏移量

8．小四

9．Ctrl+D

10．紧缩　　加宽

任务二

一、判断题

题号	1	2	3	4	5	6	7	8	9	10
答案	×	√	√	√	√	×	×	×	√	×

二、单项选择题

题号	1	2	3	4	5	6	7	8	9	10
答案	A	A	C	B	C	C	B	D	A	D

三、填空题

1．左对齐　　右对齐　　居中对齐　　两端对齐　　分散对齐　　两端对齐

2．首行缩进　　悬挂缩进　　左缩进　　右缩进

3．0.74

4．选择

5．复制格式

6．开始　　段落　　单倍行距

7．中文版式

8．下沉　　悬挂

9．两栏　　偏右　　两

10．首行缩进　　悬挂缩进

任务三

一、判断题

题号	1	2	3	4	5	6	7	8	9	10
答案	√	×	√	×	√	×	√	×	×	√

二、单项选择题

题号	1	2	3	4	5	6	7	8	9	10
答案	C	C	B	C	A	D	D	C	B	D

三、填空题

1. 横向   纵向
2. 页面布局   页面设置   分栏符
3. 4
4. 水印   页面颜色   页面边框
5. 页面设置   文档网格
6. 垂直   将中文字符旋转270º
7. 插入
8. 续前节
9. 页面布局   页面设置   行号
10. 首页不同   奇偶页不同

模块3　插入和编辑文档对象

任务一

一、判断题

题号	1	2	3	4	5	6	7	8	9	10
答案	×	√	×	×	√	×	√	√	√	×

二、单项选择题

题号	1	2	3	4	5	6	7	8	9	10
答案	C	C	D	D	B	D	C	B	B	A

三、填空题

1．嵌入型　四周型环绕　紧密型环绕　浮于文字上方　衬于文字下方　上下型环绕　穿越型环绕

2．插入　插图

3．绘图工具 格式　文本框工具 格式

4．浮于文字上方

5．绘图工具 格式　形状样式　更改形状

6．设置自选图形格式

7．选择 3 个形状　绘图工具 格式　排列　横向分布

8．当前页

9．绘图工具 格式　大小　高度　宽度

10．略向上移　略向下移　略向左移　略向右移

任务二

一、判断题

题号	1	2	3	4	5	6	7	8
答案	√	×	×	×	√	×	×	√

二、单项选择题

题号	1	2	3	4	5	6	7	8
答案	C	B	B	D	D	B	C	D

三、填空题

1．图片工具 格式

2．重新着色　颜色模式

3．Shift

4. 对齐　右对齐

5. 不能　文字环绕

6. 重设图片

7. 选择对象　Esc

8. 更改图片

任务三

一、判断题

题号	1	2	3	4	5	6	7	8
答案	√	×	×	√	×	×	√	√

二、单项选择题

题号	1	2	3	4	5	6	7	8
答案	A	B	A	B	B	A	C	D

三、填空题

1. 图表工具 设计　图表工具 布局　图表工具 格式

2. Excel

3. 图表工具 布局　标签　图表标题

4. 图表工具 格式

5. SmartArt 工具 设计　SmartArt 工具 格式

6. 列表　流程　循环　层次结构　关系　矩阵　棱锥图

7. SmartArt 工具 设计　添加形状

8. Delete 或 Backspace

任务四

一、判断题

题号	1	2	3	4	5	6	7	8
答案	√	×	×	√	×	√	×	×

二、单项选择题

题号	1	2	3	4	5	6	7	8
答案	C	B	C	B	D	A	D	B

三、填空题

1．嵌入型

2．艺术字工具　格式

3．更改形状

4．艺术字工具　格式　文字　等高　艺术字工具　格式　文字　间距

5．磅　96　8

6．文本框工具　格式

7．水平　垂直　将所有文字旋转 90°　将所有文字旋转 270°　将所有中文字符旋转 270°

8．能　不能

任务五

一、判断题

题号	1	2	3	4	5	6	7	8	9	10
答案	√	√	×	×	×	√	√	√	×	√

二、单项选择题

题号	1	2	3	4	5	6	7	8	9	10
答案	B	A	D	C	C	D	B	B	C	A

三、填空题

1．插入

2．Shift

3．表格属性

4．内容　删除表格

5. 相等

6. 文本转换成表格

7. Shift+Tab

8. 插入　符号　公式　　Ctrl+Shift+>

9. 结构　占位符

10. 显示隐性线性

模块 4　文档排版的高级操作

任务一

一、判断题

题号	1	2	3	4	5	6	7	8	9	10
答案	×	×	√	×	√	×	×	×	√	√

二、单项选择题

题号	1	2	3	4	5	6	7	8	9	10
答案	A	B	C	A	C	C	D	B	A	B

三、填空题

1. 新建样式　样式检查器　管理样式

2. Ctrl+Shift+Alt+S

3. 应用　修改　　删除

4. 开始　字体

5. 仅限此文档　基于该模板的新文档

6. 字符　段落

7. 快速样式　更改样式

8. 样式集　颜色　字体

9. 1

10. 样式基准

任务二

一、判断题

题号	1	2	3	4	5	6	7	8	9	10
答案	×	√	×	√	×	×	√	√	√	×

二、单项选择题

题号	1	2	3	4	5	6	7	8	9	10
答案	A	B	B	B	C	D	D	C	D	C

三、填空题

1. 引用　目录　目录

2. 折叠

3. 更新目录

4. Ctrl

5. 3

6. 大纲视图　"目录"功能组　内置样式　"段落"对话框

7. 更新域　更新整个目录

8. 包含其他内容　不再有内容

9. 制表符前导符

10. 添加文字

任务三

一、判断题

题号	1	2	3	4	5	6	7	8	9	10
答案	√	×	√	×	×	×	×	√	×	√

二、单项选择题

题号	1	2	3	4	5	6	7	8	9	10
答案	A	D	B	B	D	C	D	D	C	B

三、填空题

1. 校对　　拼写和语法

2. 审阅　　校对　　字数统计

3. 末端　　无关

4. 转换至尾注　　1, 2, 3, …　　便笺

5. 审阅　　修订　　批注框　　以嵌入方式显示所有修订

6. Word　　输入新列表

7.《姓名》

8. 信函 1

9. 文本文档或 text

10. 中文信封

模块 5　Excel 2007 电子表格基本操作

任务一

一、判断题

题号	1	2	3	4	5	6	7	8	9	10
答案	×	×	×	√	×	√	√	√	√	×

二、单项选择题

题号	1	2	3	4	5	6	7	8	9	10
答案	C	B	B	D	A	A	A	D	B	B

三、填空题

1. 2　A

2. 工作簿　.xlsx

3. 列标　行号　字母　A1

4. Ctrl+F1

5. 全选

6. 名称框　工具框（顺序可颠倒）

7. 1

8. 9

9. 普通

10. A2:A6 或 A6:A2

任务二

一、判断题

题号	1	2	3	4	5	6	7	8	9	10
答案	×	×	√	√	×	√	√	√	×	×

二、单项选择题

题号	1	2	3	4	5	6	7	8	9	10
答案	A	C	D	B	C	A	D	C	D	D

三、填空题

1. Ctrl

2. Shift+F11

3. 工作表　行　列（顺序可颠倒）

4. 双击

5. .xltx

6. Ctrl+9

7．Ctrl+0

8．复制　　移动

9．Office 按钮

10．审阅　　更改

任务三

一、判断题

题号	1	2	3	4	5	6	7	8	9	10
答案	×	√	√	×	×	√	×	√	√	×

二、单项选择题

题号	1	2	3	4	5	6	7	8	9	10
答案	B	C	B	C	C	C	B	C	D	A

三、填空题

1．数据有效性

2．∶或冒号

3．科学计数法

4．复制

5．类型　　范围（顺序可颠倒）

6．/　　-（顺序可颠倒）

7．10

8．0　　空格

9．Ctrl+;　　Ctrl+Shift+;

10．等比序列　　自动填充（顺序可颠倒）

模块6 编辑和美化电子表格

任务一

一、判断题

题号	1	2	3	4	5	6	7	8	9	10
答案	√	√	×	√	×	×	×	×	√	√

二、单项选择题

题号	1	2	3	4	5	6	7	8	9	10
答案	C	D	D	C	B	D	C	A	A	B

三、填空题

1. 合并单元格

2. 清除内容

3. A2:C5 或 C5:A2 或 C2:A5 或 A5:C2

4. Shift　Ctrl

5. 开始　对齐方式

6. 下方单元格上移

7. 单击

8. 水平对齐

9. Delete　Backspace　（顺序可颠倒）

10. Ctrl+Delete

任务二

一、判断题

题号	1	2	3	4	5
答案	√	√	×	√	×

二、单项选择题

题号	1	2	3	4	5
答案	A	C	D	D	B

三、填空题

1. 冻结首行
2. 开始　　编辑
3. Ctrl+X
4. Ctrl　　移动
5. Ctrl+Z

任务三

一、判断题

题号	1	2	3	4	5	6	7	8	9	10
答案	√	×	×	√	√	√	√	×	×	×

二、单项选择题

题号	1	2	3	4	5	6	7	8	9	10
答案	B	C	B	D	C	D	C	B	C	C

三、填空题

1. 浅色　　深色（顺序可颠倒）
2. 加粗　　倾斜　　下画线
3. 样式
4. 颜色　　字体（顺序可颠倒）
5. 审阅
6. 区域
7. 插入

8．345.00

9．024.46

10．删除线

模块7　计算和管理电子表格数据

任务一

一、判断题

题号	1	2	3	4	5	6	7	8	9	10
答案	√	×	×	×	√	×	√	√	√	×

二、单项选择题

题号	1	2	3	4	5	6	7	8	9	10
答案	A	A	C	B	C	B	D	A	A	B
题号	11	12	13	14	15	16	17	18	19	20
答案	C	A	A	C	B	B	B	C	D	B

三、填空题

1．绝对引用　混合引用

2．10

3．16

4．=E$7

5．2019

6．Today

7．绝对引用

8．函数库　公式审核

9．24

10．1

任务二

一、判断题

题号	1	2	3	4	5	6	7	8	9	10
答案	√	×	×	√	×	×	×	×	√	√

二、单项选择题

题号	1	2	3	4	5	6	7	8	9	10
答案	D	B	B	B	D	B	D	C	D	D

三、填空题

1. 排序　数据　分类汇总
2. 专业
3. 分类字段　分级显示
4. 排序　筛选
5. 条件区域
6. 隐藏
7. 自动筛选　自定义筛选
8. 升序　降序
9. 分类汇总
10. 64

模块 8　交互式数据分析与汇总

任务一

一、判断题

题号	1	2	3	4	5	6	7	8	9	10
答案	×	×	×	×	√	√	√	×	√	×

二、单项选择题

题号	1	2	3	4	5	6	7	8	9	10
答案	A	D	B	B	D	B	D	D	D	B

三、填空题

1. 雷达图

2. 饼图　圆环图

3. 链接

4. 图例　分类轴

5. 对象

6. 图表

7. 数据透视表

8. 数据分析

9. 插入

10. 选项　设计

任务二

一、判断题

题号	1	2	3	4	5
答案	√	×	√	√	√

二、单项选择题

题号	1	2	3	4	5
答案	B	A	C	D	D

三、填空题

1. Ctrl+P

2. 横向

3．左　中

4．打印范围

5．Ctrl+F2

模块 9　PowerPoint 2007 基础理论练习

任务一

一、判断题

题号	1	2	3	4	5	6	7	8	9	10
答案	×	√	×	×	×	×	×	√	×	√

二、单项选择题

题号	1	2	3	4	5	6	7	8	9	10
答案	D	A	C	D	C	D	D	C	A	D

三、填空题

1．双击

2．功能区

3．幻灯片　大纲

4．备注页

5．功能组　按钮　命令

6．幻灯片浏览

7．普通视图　备注

8．层次关系　附属关系　并列关系

9．PowerPoint 选项

10．选择　复制　删除

任务二

一、判断题

题号	1	2	3	4	5	6	7	8	9	10
答案	√	×	√	×	√	√	×	√	×	√

二、单项选择题

题号	1	2	3	4	5	6	7	8	9	10
答案	B	B	B	C	A	A	C	B	B	C

三、填空题

1. 视图
2. Del 或 Delete
3. 幻灯片
4. Shift
5. F5
6. 保存
7. 演示文稿
8. 浏览
9. F5　Esc
10. Shift+F5

模块 10　演示文稿制作基础

任务一

一、判断题

题号	1	2	3	4	5	6	7	8	9	10
答案	√	√	√	√	×	√	√	×	×	×

二、单项选择题

题号	1	2	3	4	5	6	7	8	9	10
答案	D	C	B	C	C	B	B	C	D	B

三、填空题

1. 文本　图形

2. 图形对象　文本内容

3. 字体　段落

4. 剪切

5. 文本

6. 艺术字

7. 格式刷

8. Ctrl+A

9. 段落缩进（或缩进）　段落间距（或间距）

10. 段落符号　段落编号

任务二

一、判断题

题号	1	2	3	4	5	6	7	8	9	10
答案	×	×	√	√	×	√	√	√	×	√

二、单项选择题

题号	1	2	3	4	5	6	7	8	9	10
答案	D	D	B	B	B	B	C	A	B	C

三、填空题

1. 中央

2. 大小

3. SmartArt 图形（或 SmartArt）

4．Shift

5．SmartArt

6．Excel 图表（或图表）

7．对象　Microsoft 公式 3.0

8．对比度

9．添加形状　布局

10．绘制表格

模块11　美化演示文稿

任务一

一、判断题

题号	1	2	3	4	5	6	7	8	9	10
答案	×	√	×	√	√	×	√	√	×	√

二、单项选择题

题号	1	2	3	4	5	6	7	8	9	10
答案	D	C	A	A	D	D	B	B	D	C

三、填空题

1．页眉　页脚

2．所有

3．幻灯片母版　讲义母版　备注母版

4．压缩图片

5．移动　调整

6．主题颜色　主题字体　主体效果

7．主题　背景样式

8．线条

9．标题　正文

10．大小　位置

任务二

一、判断题

题号	1	2	3	4	5	6	7	8	9	10
答案	√	×	√	√	√	√	√	×	√	×

二、单项选择题

题号	1	2	3	4	5	6	7	8	9	10
答案	C	B	B	D	D	D	C	D	B	B

三、填空题

1. 声音 视频
2. 自动 在单击时
3. Flash 动画
4. Flash Player
5. 喇叭
6. 演示文稿
7. 低　中
8. 图片工具　影片工具
9. 图片工具　声音工具
10. 全屏播放

任务三

一、判断题

题号	1	2	3	4	5	6	7	8	9	10
答案	√	×	√	×	×	√	√	×	√	×

二、单项选择题

题号	1	2	3	4	5	6	7	8	9	10
答案	A	B	A	B	C	A	D	D	B	D

三、填空题

1. 进入动画 退出动画 强调动画

2. 幻灯片切换

3. 标准动画 自定义动画

4. 幻灯片浏览

5. 动作路径

6. 自定义动画

7. 淡出 擦除 飞入

8. 慢速 中速 非常快

9. 整批发送 按第一级段落

10. 无切换效果

模块 12　放映演示文稿

任务一

一、判断题

题号	1	2	3	4	5	6	7	8	9	10
答案	√	×	√	√	√	×	×	×	√	√

二、单项选择题

题号	1	2	3	4	5	6	7	8	9	10
答案	C	C	C	D	D	D	C	D	A	B

三、填空题

1. 演讲者放映　观众自行放映　在展台浏览

2．投影仪　计算机

3．手动　自动

4．隐藏

5．人工设定时间　排练计时

6．放映时间

7．自定义放映

8．手形　程序

9．录制旁白

10．在展台浏览

任务二

一、判断题

题号	1	2	3	4	5	6	7	8	9	10
答案	×	×	×	√	×	×	√	√	√	√

二、单项选择题

题号	1	2	3	4	5	6	7	8	9	10
答案	C	C	C	A	B	C	C	D	A	B

三、填空题

1．打包

2．Esc

3．打印预览　预览

4．打印　阅读

5．全部　当前幻灯片

6．快速打印

7．日期和时间

8．播放

9．方向

10．F5　Shift+F5

反侵权盗版声明

电子工业出版社依法对本作品享有专有出版权。任何未经权利人书面许可，复制、销售或通过信息网络传播本作品的行为；歪曲、篡改、剽窃本作品的行为，均违反《中华人民共和国著作权法》，其行为人应承担相应的民事责任和行政责任，构成犯罪的，将被依法追究刑事责任。

为了维护市场秩序，保护权利人的合法权益，我社将依法查处和打击侵权盗版的单位和个人。欢迎社会各界人士积极举报侵权盗版行为，本社将奖励举报有功人员，并保证举报人的信息不被泄露。

举报电话：（010）88254396；（010）88258888

传　　真：（010）88254397

E-mail：　dbqq@phei.com.cn

通信地址：北京市万寿路 173 信箱

　　　　　电子工业出版社总编办公室

邮　　编：100036